マグロのふしぎがわかる本

中野秀樹＋岡 雅一［著］

FRA
水産総合研究センター叢書

築地書館

目次

第1部

マグロはどんな生きものか

第1章　マグロの生物学

1、マグロの種類、分布──おいしいマグロはどれか？

マグロの種類はどれくらい？

マグロはいったい何種類あるのだろう？　こう聞かれて即答できる人は相当の魚通だ。たいていは数種類のマグロを知ってはいても正確な数まではわからないだろう。マグロの種類がどれだけあるのかわからない理由は、マグロが売られるときはすでに刺身になっているか、刺身用の柵の状態で売られているからだろうか。

消費者は「何とかマグロ」といわれても、見かけ上はそれほど変わらない赤身の刺身をみせられるだけなので、これでは種類を覚えろといわれても無理な話である。牛肉だけをみて松阪牛と神戸牛の区別ができる人はまずいない。

食用に販売されているマグロの種類は六種類である。

高級なものからクロマグロ（太平洋と大西洋のクロマグロは別種）、ミナミマグロ、メバチ、キハダ、ビンナガである。メバチマグロやキハダマグロとはいわない。標準和名ではあくまでメバチ、キハダ、ビンナガである。ただし、市場でよく使っている地方名（市場名）というような呼称があり、そのときはメバチマグロ、バチマグロなどといわれている。ビンナガをトンボというのもよく使われる。

クロマグロをホンマグロと呼ぶのも地方名である。ちなみにカジキをよくカジキマグロと呼ぶが、カジキはサバ亜目メカジキ科とマカジキ科に属する魚類であり、一方、マグロはサバ亜目サバ科サバ亜科マグロ属に属する魚類であり、分類的にはそれほど近い種類ではない。

カジキはマグロの仲間ではないので、カジキマグロというのは分類学的には間違いである。

北の海で泳ぐクロマグロ

これら六種のマグロのうち最も北に分布するのが大間のマグロとして有名なクロマグロである。

長い間、太平洋と太西洋に同じ種類のマグロがいるとされていたが、最近の研究では両

図 1-1　クロマグロ

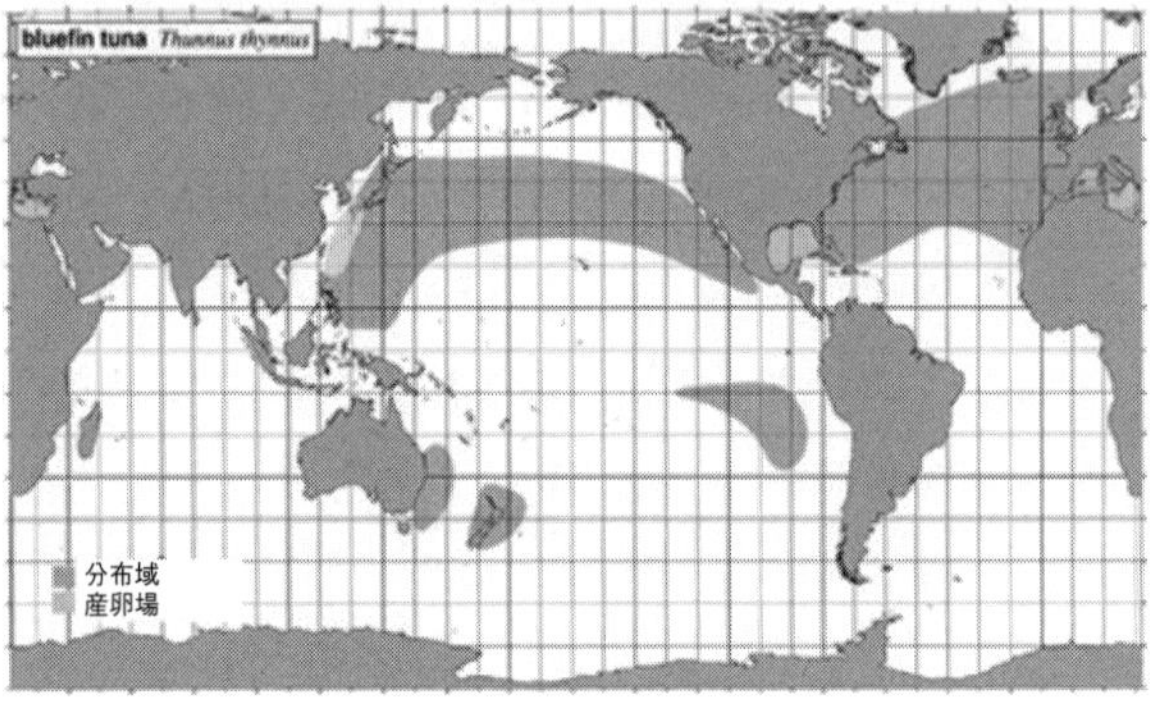

図 1-2　クロマグロの分布図

種は別種類とするのが主流である。クロマグロは最も北に回遊するので、秋から冬にかけて脂がのり、美味である。

　ここで津軽海峡周辺の戸井や三厩《みんまや》などのクロマグロを漁獲している漁村の名誉のために書いておかなければいけないが、津軽海峡を泳いでいるマグロはすべてクロマグロ、どこの漁港であげようが同じ種類で味に変わりはない。ひとえに青森県大間のみが有名になってブランド化してしまい、すぐ隣の三厩や海峡を挟んだ北海道側の戸井にあがったマグロの値段は大間に比べて落ちるという。残念なことである。

マグロというと、一般には南方の温かい海を泳いでいるような印象だが、クロマグロはサケが泳ぐすぐ南の海で餌をとり、身を太らせるのである。マグロの中で最大になる種類でもあり、大きいもので二メートル超、三〇〇キロ程度であるが、これまでの最大はカナダ大西洋岸のノバスコシア沖で獲れた三〇四センチ、六七九キロの個体である（大西洋マグロ類保存国際委員会〈ＩＣＣＡＴ〉が開催したクロマグロシンポジウムのドキュメントによれば、黒海で漁獲された七八七キロのクロマグロが世界最大であるとしているが、体長は不明）。

高級マグロのお値段？

マグロの中で最も高級なものはクロマグロ（ホンマグロ）であり、魚市場でも最も高値で取引されている。これまでに市場で取引されたクロマグロの最高価格は、二〇〇一年一月五日の初セリで取引された二〇二キロ、二〇二〇万円である。

一キロあたり一〇万円、一〇〇グラムで一万円である。お寿司にすると、一貫あたり一七グラム程度の刺身を使うので、二貫で四〇〇〇円くらいになる。しかし、これは卸売価格で、しかも頭や骨も含んだ値段なので、末端の刺身としての消費価格はだいたい三倍くらいになる。最終的には寿司一貫が誰かの口に入るころには、一万二〇〇〇円を下らない。いったい誰が食べるのだろうか？

ただし、これは初セリに恒例なご祝儀相場であって、マグロが日常的にこのような高値で取引されているわけではない。初セリのお祝いと景気づけ、話題作りの意味もあって、利益を度外視して高値をつける習慣のようである。二〇〇〇万円超というのは珍しいが、毎年二〇〇〜三〇〇キロのマグロは六〇〇万〜九〇〇万円くらいの値段でセリ落とされる。

最近の日常的なクロマグロの市場価格は、大間の冬の天然物だとキロ一万円までつくが、それ以外だとキロあたり二〇〇〇〜三〇〇〇円で、二〇〇〇万円で取引されたマグロのキロあたり一〇万円の値段はいかに日常とかけ離れているかがわかろうというものである。

その他のマグロの市場価格としてはミナミマグロはキロあたり数千円から二〇〇〇円程度、メバチは八〇〇円、キハダは二〇〇〜三〇〇円で取引されている。

南半球に生息するミナミマグロ

反対に南半球の冷たい海に生息しているのがミナミマグロである。地方名ではインドマ

図1-3　ミナミマグロ

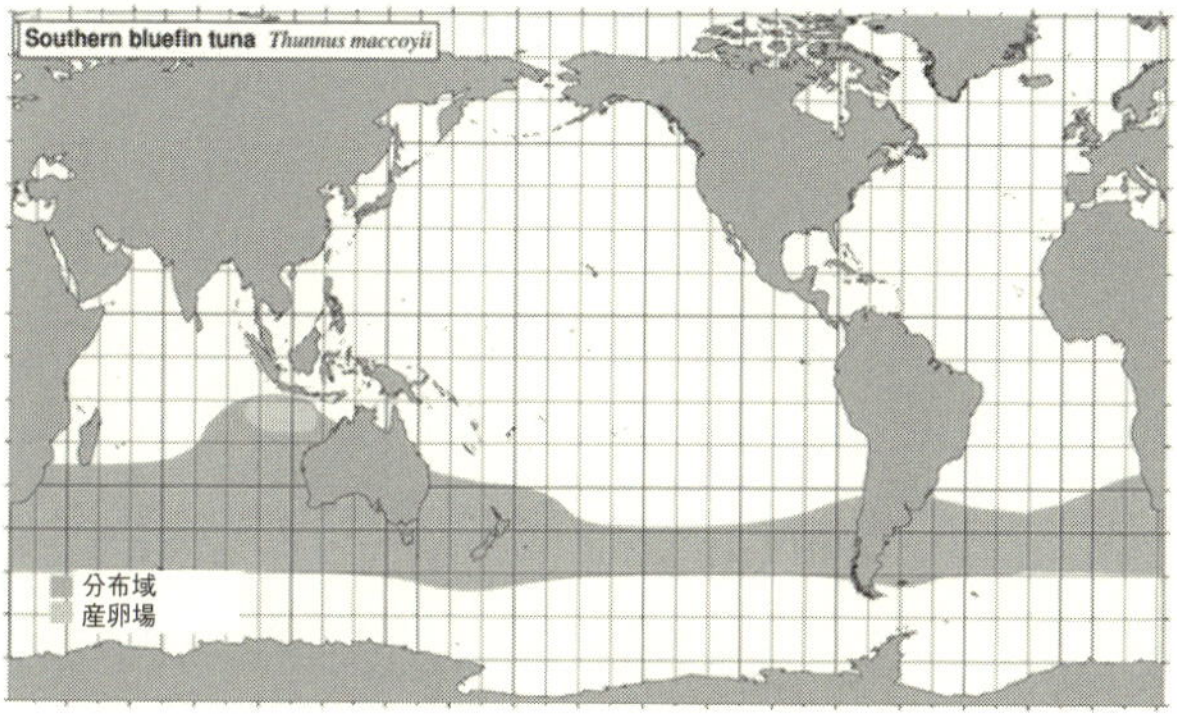

図1-4　ミナミマグロの分布図

グロ、ゴウシュウマグロなどの別名がある。ミナミマグロはクロマグロほど大きくはならず、最大で二メートル程度である。このマグロは南緯四〇～五〇度といった南極のまわりの冷たい海を回遊して身に脂をのせるので、クロマグロに次ぐ高級魚である。クロマグロとミナミマグロ（及び、後述するビンナガ）をその生息域から温帯性マグロと分類している。

最近はこのクロマグロとミナミマグロを養殖したも

のが多く日本に輸入されている。ミナミマグロはオーストラリア、大西洋クロマグロは地中海、太平洋クロマグロは日本とメキシコで養殖されている。まだ卵から育てるのは採算が合わない。一般には産卵後に痩せて刺身に適さない中型、大型のマグロを短期間で太らせて、トロを多くして商品価値を高めるための畜養が多い。日本やオーストラリアでは幼魚を獲ってきては生簀で太らせて輸出している。これを完全養殖と区別する意味で業界では畜養といっているが、日本農林規格（ＪＡＳ）法でも国際連合食料農業機関（ＦＡＯ）の定義でも、これも養殖となる。この技術を使うと餌を調整してトロの部分を多くしたり、全身トロにしたりできる。

ただ魚の目利きの人にいわせるとこうして作られたトロの脂は餌のイワシやサバの影響を受けるので、天然物の味には遠くおよばないという。それでも回転寿司などで大量の養殖マグロが出回っている。

いっしょに群れを作るキハダとメバチ

一方、熱帯の温かい海に暮らしているのはキハダとメバチである。クロマグロとミナミマグロの温帯性マグロに対し、キハダとメバチをその生息域から「熱帯性マグロ」と呼ぶ。

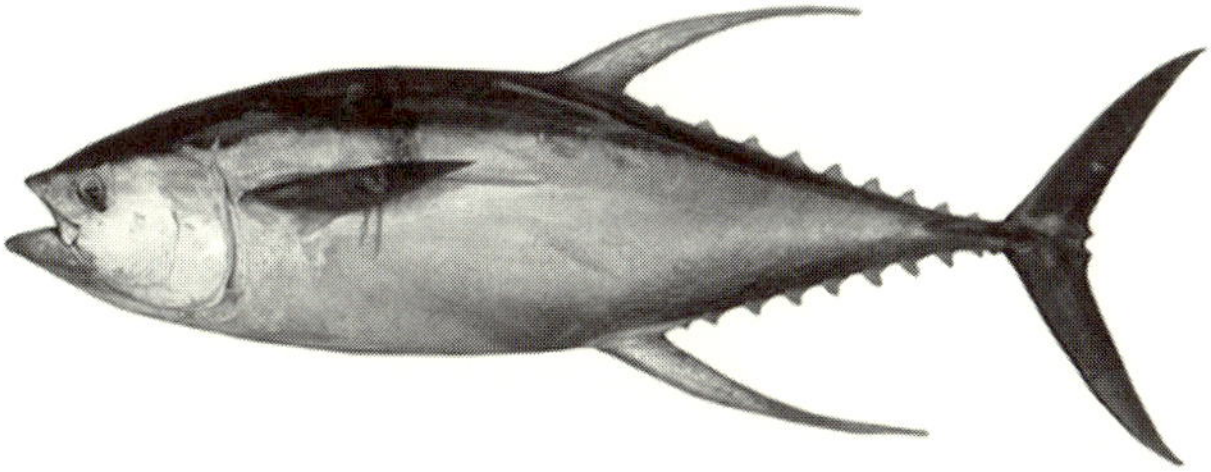

図 1-5　キハダ

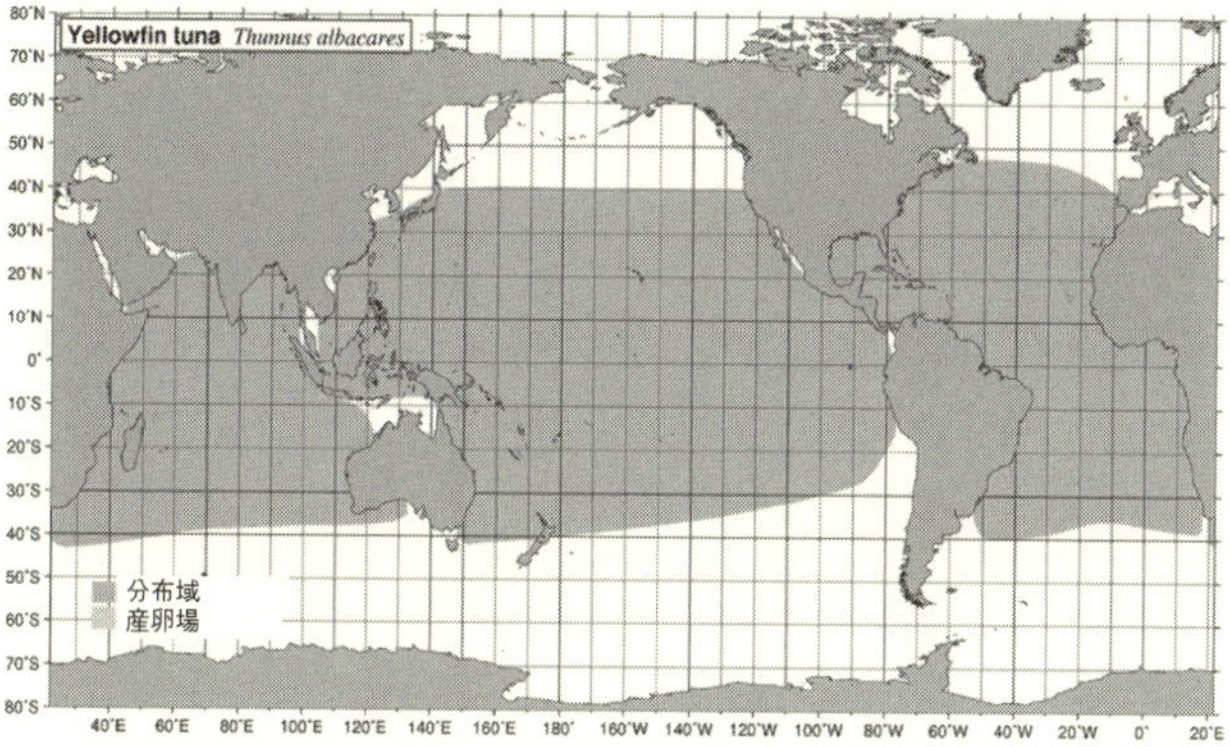

図 1-6　キハダの分布図

キハダは世界中の熱帯域に分布している。体長二メートル、体重二〇〇キロに達する。比較的若い間は、亜熱帯から熱帯の海を大きな群れを作って泳ぎ回っているので、まき網漁業で漁獲され、缶詰原料とされている。ツナ缶の原料の大半はキハダとカツオである。温かい海に暮らしているので脂はのらず、身は赤身である。キハダからはふつうはトロは

図 1-7　メバチ

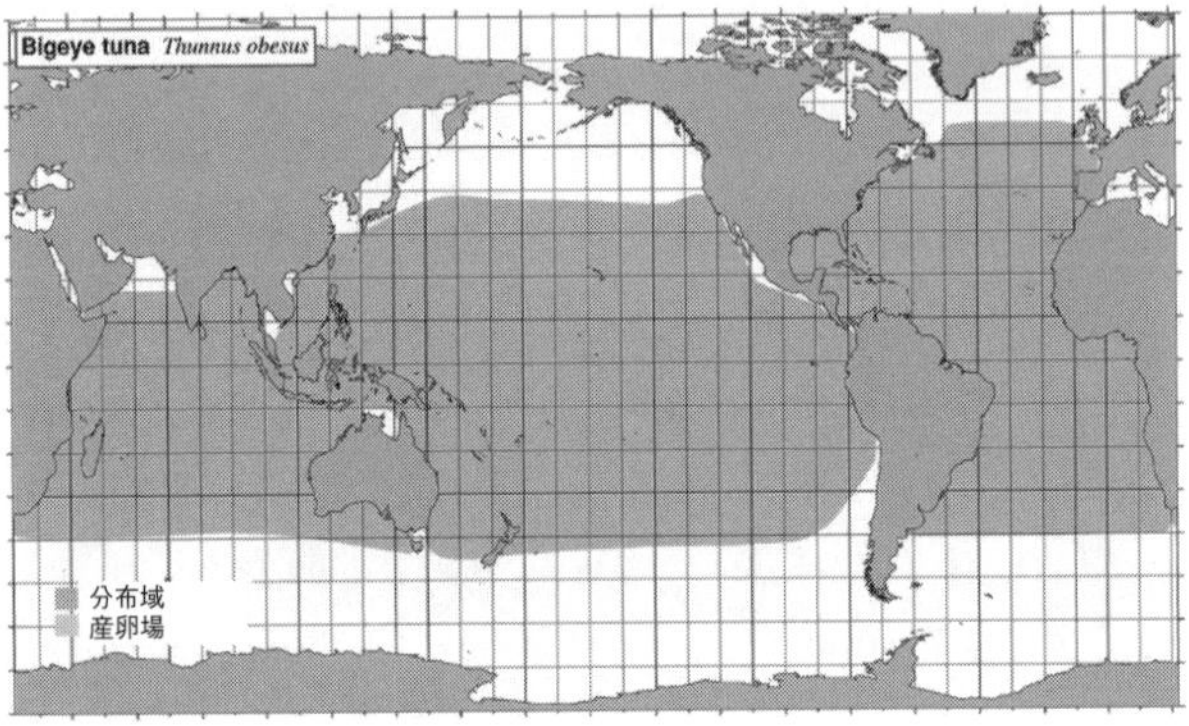

図 1-8　メバチの分布図

とれない。ただし大型魚は海の比較的深みに生息し、脂も多少多くなり、刺身に供される。

　メバチはキハダ同様、小型から中型魚は亜熱帯・熱帯に分布し、幼魚のうちはキハダやカツオといっしょに群れを形成している。しかし成長するとキハダと離れ、深く冷たい海を好んで生息するようになる。漁師は釣針を深度四〇〇メートルくらいの深さへ沈め、脂ののったメバチを狙って漁獲する。深く冷たい海に生息しているので、クロマグ

図 1-9　ビンナガ

ロやミナミマグロと同様、身に脂を蓄積するメバチは三番目に高級なマグロである。

フランスで重宝されるビンナガ

最後に残ったのはビンナガである。

ビンナガは熱帯と亜寒帯の間の温帯域に主に生息している温帯性マグロである。刺身に供されるマグロの中では、最も小型のマグロで最大一・二メートル、体重四〇キロあまりである。ビンナガは形態的に胸鰭が長く、これが地方名のビンチョウ（鬢長）のいわれである。またビンナガは、「トンボ」「トンボマグロ」とも呼ばれる。これも胸鰭の長さがトンボの羽に見立てられたことによるものである。

ビンナガの身は他のマグロと異なり、薄いピンクで身は柔らかく刺身としてはクロマグロやメバチに比べると上物ではない。ただし冷たい海に回遊するので、下りカツオのように秋から冬にかけては身に脂がのる。最近ではこれを商品化したものが「トロビン」、「ト

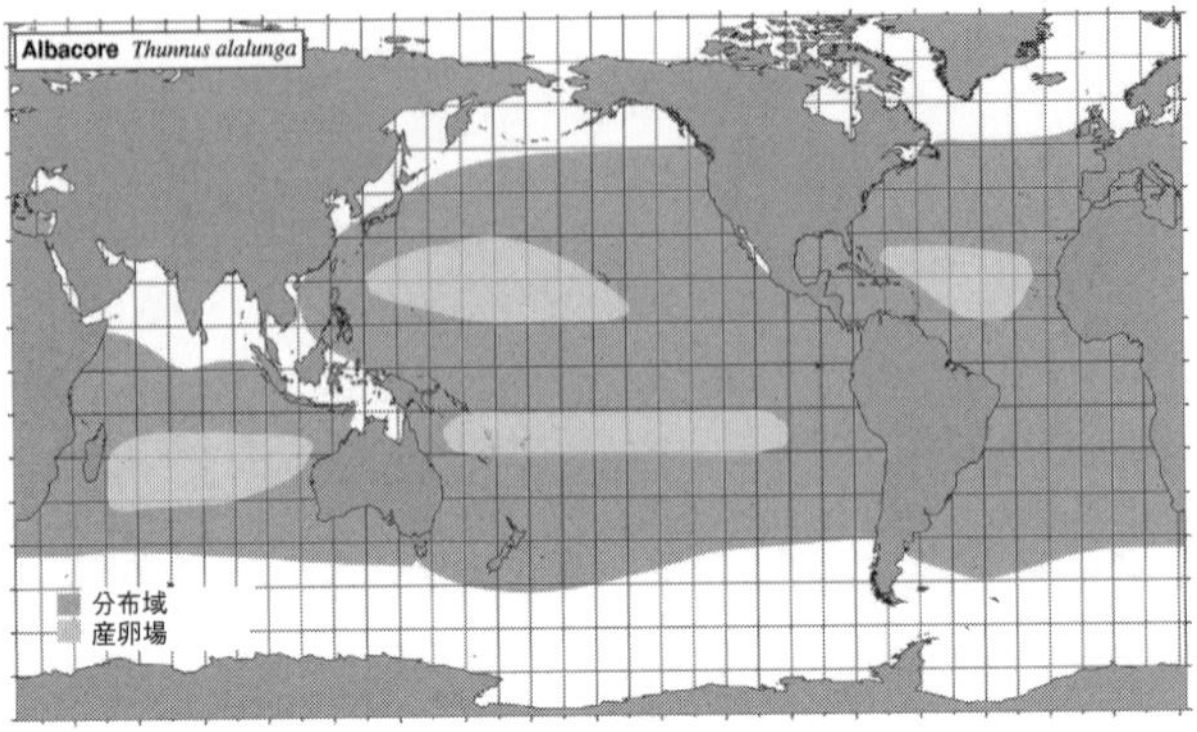

図 1-10　ビンナガの分布図

ロビンチョウ」としてスーパーに出回っている。ビンナガは加熱すると上品な肉となり、欧米では料理用の鮮魚として珍重されている。

缶詰め原料としては最高級とされ、特に加熱処理せずに缶に詰めて、水煮缶としたものはフランス特有の製品で最も高価である。このように市場にでまわっているマグロは刺身材料として高級な順にクロマグロ、ミナミマグロ、メバチ、キハダ、ビンナガとなる。

その他の知られざるマグロ

実は日本の市場には出回っていないが、マグロの仲間はこれ以外にも存在する。コシナガとタイセイヨウマグロがそれである。

コシナガはインド洋から東南アジア及びオーストラリアにかけての沿岸に主に分布している。日

図 1-11　コシナガ

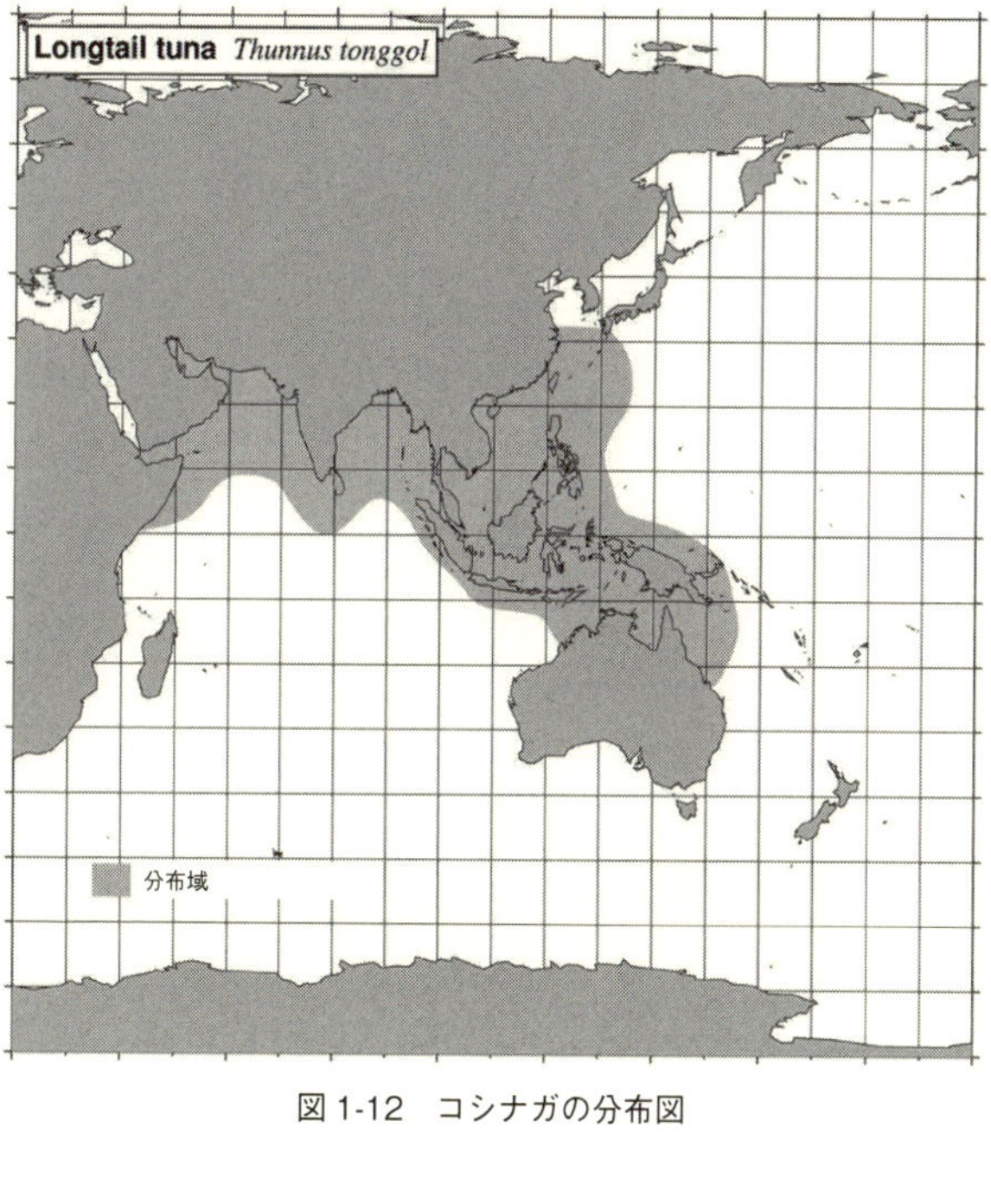

図 1-12　コシナガの分布図

図 1-13　タイセイヨウマグロ

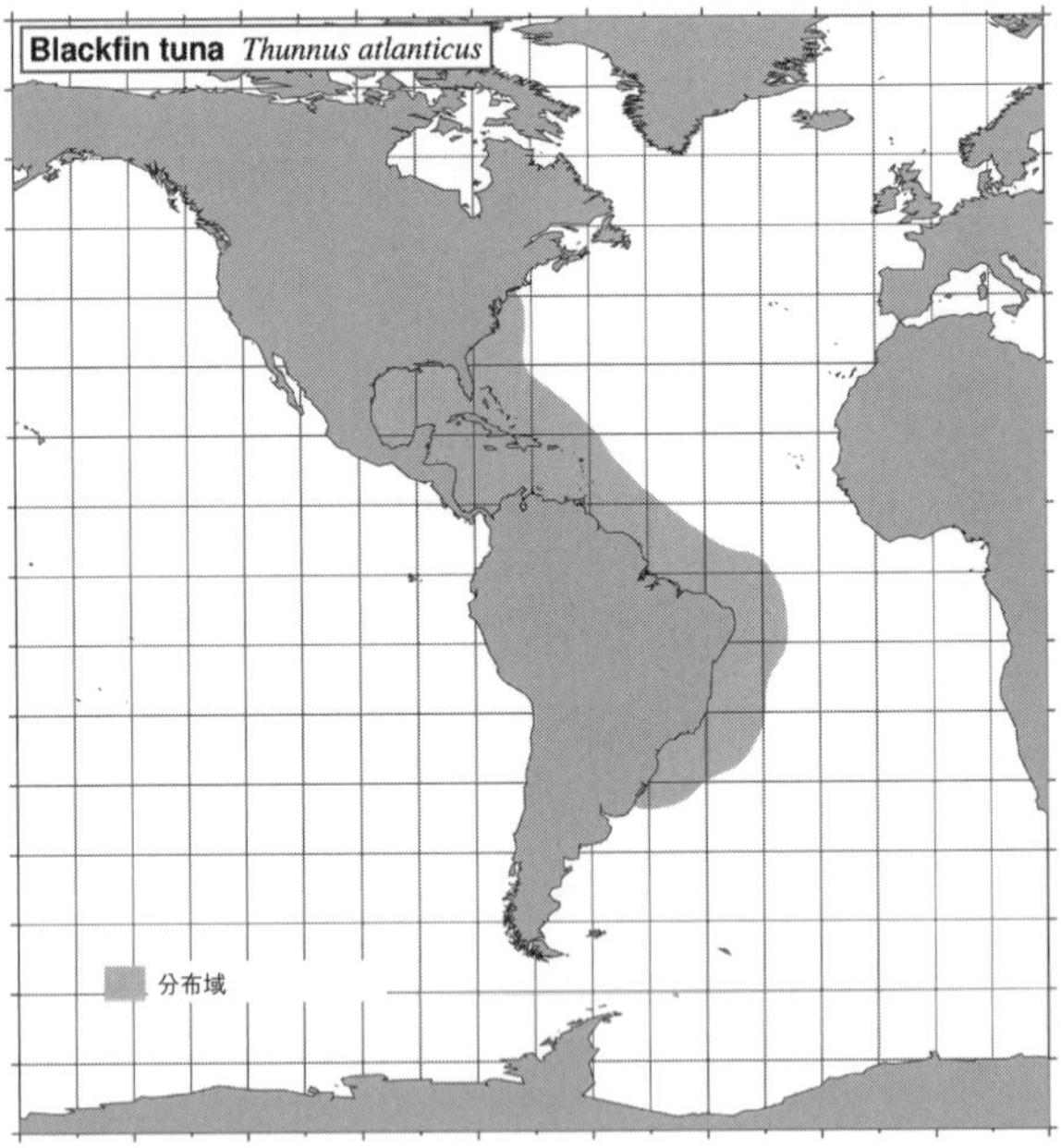

図 1-14　タイセイヨウマグロの分布図

本近海でも九州の西南部の沿岸で少量だが漁獲されている。大きさは八〇～一〇〇センチくらいの小型のマグロである。主に東南アジアで漁獲されており、漁獲量はメバチなどに匹敵するほど多い。

タイセイヨウマグロは大西洋の西部、メキシコ湾からカリブ海を中心に北米沿岸から南米沿岸にかけて分布している。本種も沿岸に生息する小型のマグロで体長八〇～九〇センチくらいである。

全世界に生息するマグロ属魚類は以上の八種である。おさらいするとクロマグロ（太平洋）、クロマグロ（大西洋）、ミナミマグロ、メバチ、キハダ、ビンナガ、コシナガ、タイセイヨウマグロである。

カツオの重要性は？

マグロではないが、近縁の種類としてカツオについても書いておかなくてはならない。カツオはマグロと同じ海域に分布し、同じ漁業で漁獲され、同様に加工、利用されているからである。英語ではスキップジャック・ツナとしてマグロ類に含まれている。

日本でも「カツオ・マグロ」として一括して扱われることも多い。

カツオは主にキハダ、メバチと同様、南方に分布する。また一部が日本近海に回遊し初

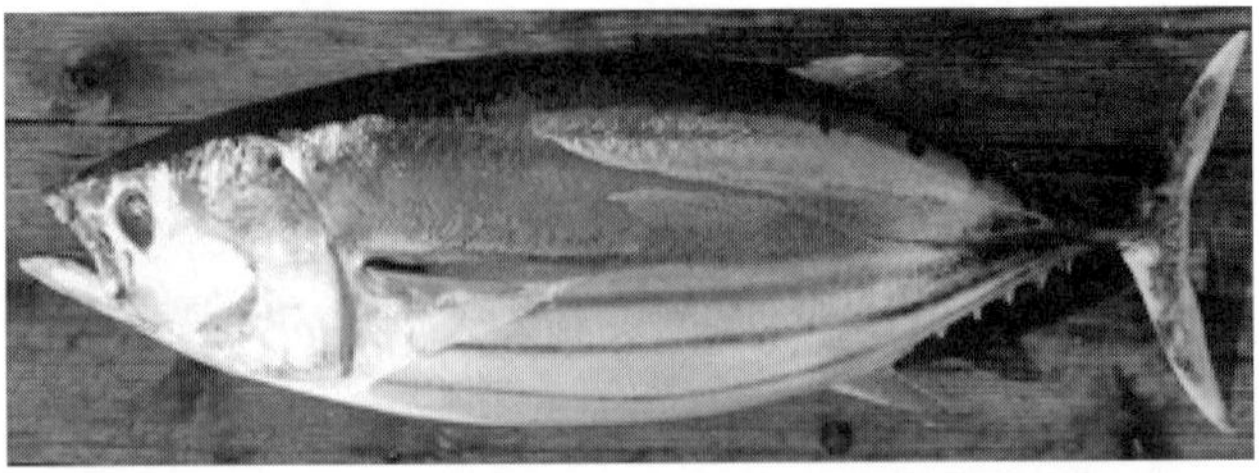

図 1-15　カツオ

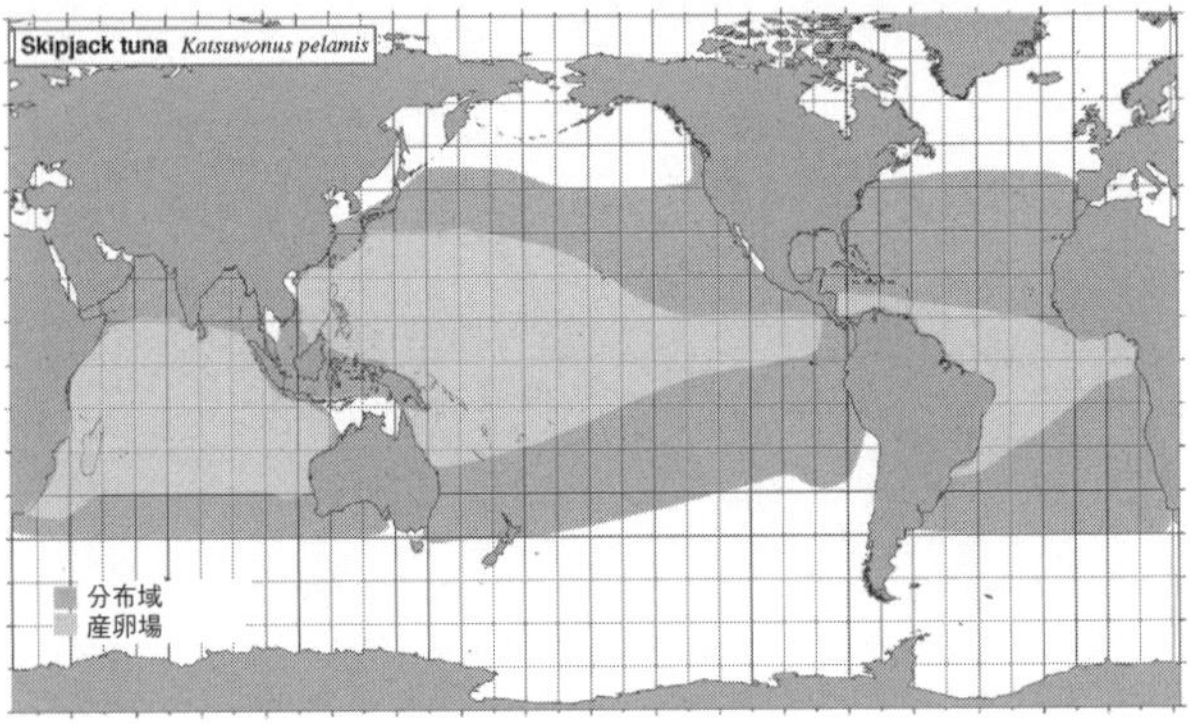

図 1-16　カツオの分布図

夏には初カツオ、晩秋には戻りカツオとして食卓をにぎわしてくれる。またカツオ節の原料として日本食には欠かせない素材であり、最近は粉末の「だし」としても極めて重要である。

　カツオの最大の特徴はその資源量の多さである。マグロの資源がいろいろな海域で減少しているのに対し、カツオ資源はまだまだ余裕があるといわれている。

　熱帯から亜熱帯域にか

けて欧米や日本のまき網により大量に漁獲され、キハダとともに缶詰原料として利用されている。また日本では日本食のだしをとるためのカツオ節原料として大量のカツオが利用されている。この缶詰としての利用量とカツオ節原料としての利用量に比べると、刺身やたたきとして生食されている量はまだ少ない。

最近このカツオの生食を増やそうという試みがいろいろと行われている。一般に北上回遊前の初カツオは痩せて淡白で晩秋に餌を十分に食べて南下する戻りカツオは脂がのっている。このよく脂がのっているカツオを時期と漁場を定めて漁獲し、「トロカツオ」として販売している。この刺身はマグロに劣らず美味である。

カジキのいろいろな種類

カジキについても書いておかねばなるまい。一般にはカジキマグロとして、マグロの一種だと思っている人が多い。先にも書いたようにカジキマグロは俗称で標準和名はカジキである。分類学的にはマグロとはまったく関係のない魚である。マグロと同じはえ縄漁業で漁獲されるのでいっしょに販売されることも多く、マグロの一種のようにカジキマグロと呼称されたのだろう。

カジキ類にはメカジキとクロカジキ、マカジキなどがいる。

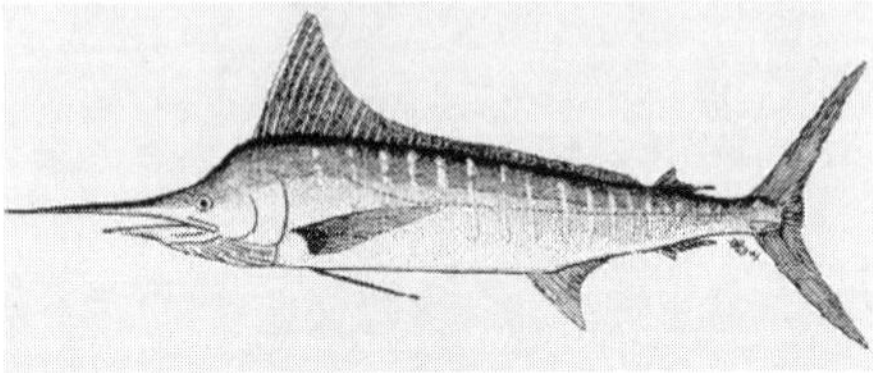

メカジキはメカジキ科、その他のカジキはマカジキ科である。この二群は形態、生態ともにもだいぶ違う。メカジキは一科一属一種で近縁の魚はいない。世界中に広く分布していいからすべて同一種である。上あごのくちばし（正式には吻という）が胴体に匹敵するくらい長く、平べったく剣のようである。このことから、英語では「ソードフィッシュ」という。夜行性で昼間は深海に暮らしている。長く平べったいくちばしを横に薙《な》いでイカや小魚を失神させ、捕食するようである。メ

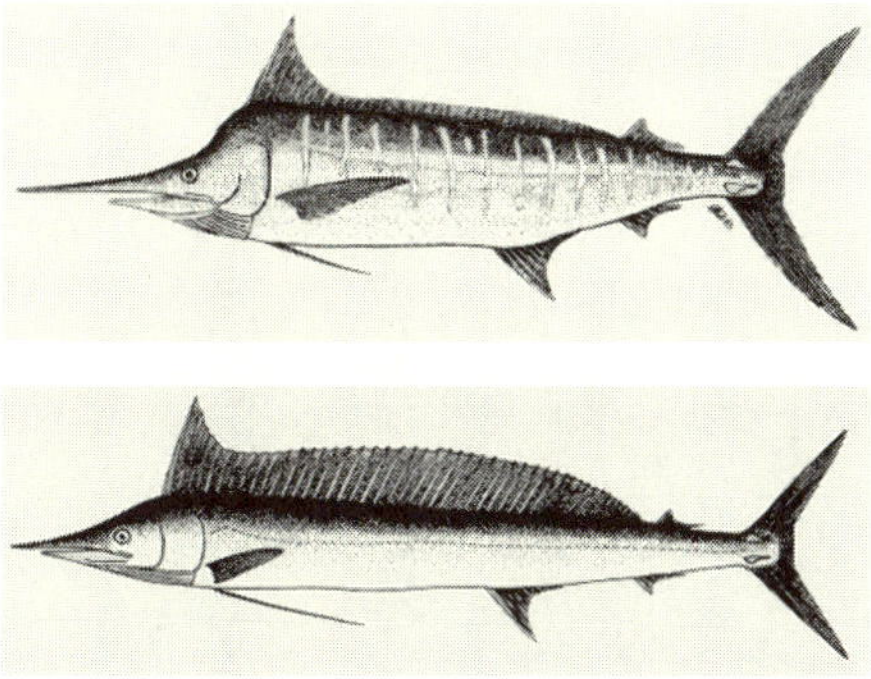

図 1-17　カジキのいろいろな種類（カジキ類の図）
右ページ上からメカジキ、マカジキ、バショウカジキ、上からクロカジキ、フウライカジキ

カジキはその餌の中のイカの割合が多いので、「イカ食い」として知られている。

一方、マカジキ科にはマカジキ、ニシマカジキ、クロカジキ、シロカジキ、バショウカジキ、フウライカジキなど多数の種類のカジキが属する。くちばし（吻）は短く円筒状である。この短いくちばしで船の梶を突き通すことから「梶《カジ》木《キ》通《とお》し」そして梶《カジ》木《キ》と呼ばれた。どの種の生態も似ていて海の表層近くに生息し、トローリングなどスポーツフィッシングの対象となる。昼行性で餌の中では魚の割合が多く、「魚食い」である。

カジキ類の肉質はマカジキを除いて刺身向きではなく、主にすり身原料として取引されている。マカジキは地域的に刺身として珍重されている。

メカジキの肉は欧米で人気が高く、高級シーフード・レストランでステーキとして消費されている。日本漁船が獲ったメカジキはその多くが高級シーフード食材としてアメリカ・南ヨーロッパを中心に欧米に輸出されている。

2、マグロの進化――マグロは魚類の進化形?

マグロの祖先系が現れたのは始新世

進化の過程で硬骨魚類、現在の魚の祖先形が現れたのは四億年前のデボン紀だといわれている。そのころの魚の形は現在のシーラカンスや肺魚に似ており、腹鰭は体の後ろのほうにあり、エラはあまり発達せず、うきぶくろで呼吸することができた。

その後、魚の中で腹鰭が体の前のほうに移動してきたグループがいる。エラは呼吸器官として発達し、うきぶくろは浮力の調整器官となり、さらにうきぶくろが退縮・消失したグループもあった。このように魚としての機能が特化していったグループの中にマグロ類も含まれる。

その中から高速遊泳に適応した現在のマグロの仲間が発見されるのはおよそ四〇〇〇万

年前の始新世中期の化石からである。同じころに出現した魚種としてアンコウやカサゴ、カレイなどがいる。

高速遊泳に特化した集団、サバ亜科

マグロの形態的特徴を調べていくとカツオとは非常に近縁で、サバやサワラ、ハガツオなどを含むサバ亜科というグループに属すると考えられている。サバ亜科の祖先がどのようにしてマグロになったかは、次のように考えられている。

魚類の中で、体が紡錘形で各鰭が体に収納可能であり、ウロコが退化的で流速抵抗を低くし、高速遊泳ができるサバ亜科が進化してきた。サバ亜科は、大きなウロコで全身を覆われているガストロのようなウロコが発達したグループから進化したと考えられている。

次にサバ亜科からマグロに近いマグロ属が出現した。このグループにはマグロ類のほかにアロツナス、ソウダガツオ、スマ、カツオが含まれている。このグループの魚類は血合肉と奇網と呼ばれる血管組織を持っている。奇網は細かい血管が広がった網目状組織で、マグロの巡航遊泳を維持する血合肉に隣り合わせており、血合筋が運動により発生した熱で血液を温め、動脈からそれに沿っている静脈へと熱を移すことで体温を環境水温より高く保つことができる。

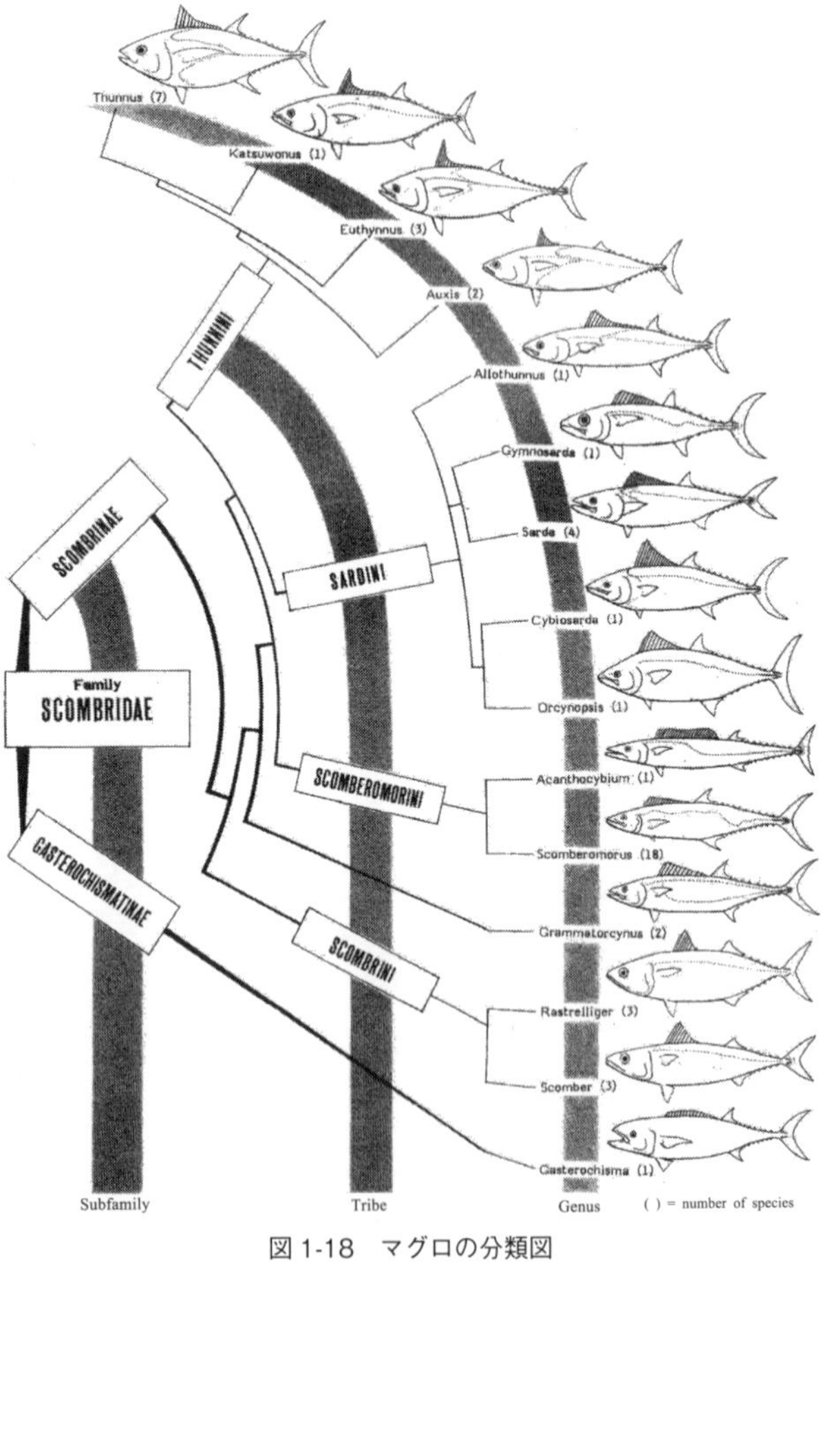

図 1-18　マグロの分類図

体温調整機能が進化の決め手

このためこのグループの魚は深海や高緯度の低温海域へとその生息域を広げ、体温調節機能を持たない近縁のイソマグロやハガツオとは進化的に離れていったのである。この体温調整機能はカツオとマグロ属八種で発達している。

マグロ属八種の祖先は内臓の温度を保つ器官がなく、現在のキハダ、コシナガ、タイセイヨウマグロのような状態だった。ここから内臓の温度を保つ機能を発達させたグループが進化し、残りのマグロ属五種の祖先となった。

残りのマグロ属五種から、さらに血管系の簡略化が進んだ一群が分化し、メバチが取り残された。最後に分化したマグロ類の中でも最も進化が進んだグループと考えられているのがビンナガ、太平洋と大西洋のクロマグロ、ミナミマグロである。マグロの形態的な特徴からは以上のような進化が考えられている。

3、マグロの生活史

クロマグロの生活史

生物の一生を説明したものを生活史という。マグロの生活史を太平洋のクロマグロを例に説明しよう。

クロマグロは温かい海で産卵する。産卵場は沖縄の南、南西諸島から台湾沖合にかけての海域である。春三月から五月にかけて親魚が海表面に集まり、オスはメスを追い、メスは数百万粒を放卵し、オスは同時に放精を行う。さらに季節が進むと産卵場は北上し日本海や本州南でも産卵することが知られている。

受精した卵は二四時間程度でふ化する。クロマグロの卵は直径約一ミリ、ふ化仔魚の大きさは約三ミリである。稚魚は成長にしたがって自力遊泳を始め群を作る。これらの稚魚は急速に成長し、夏には一五～二〇センチになり九州から四国沖に来遊する。その後も成長しながら本州南岸、日本海沿岸と生息域を広げ、秋から冬には日本各地の定置網や曳き縄漁業で漁獲される。このマグロ幼魚はメジあるいはヨコワなどと呼ばれる。

翌年一歳になると体長は五〇センチを超え、さらに生息域を広げ、あるものは太平洋を越えて、かなりの数がアメリカやメキシコ沿岸の漁業で漁獲される。

クロマグロの追跡

静岡市にある遠洋水産研究所では一歳のクロマグロの回遊経路を調べるために、アーカイバルタグ（電子標識）を使った調査を行った。アーカイバルタグとはＩＣチップを内蔵し魚の体内に埋め込んで環境水温や深度、魚の位置などを記録する機械である。

対馬海峡で捕獲したクロマグロの腹中にアーカイバルタグを装着して追跡したところ、日本海を北上したものと、南下して東シナ海を経て太平洋に向かったものとに分かれた。日本海を北上したものの多くは津軽海峡を通過して夏から秋にかけて、東北、北海道沖で過ごし冬場にはＵターンして対馬海峡まで南下した。

一方、東シナ海から太平洋に移動したものは北上して常磐沖、三陸沖、道東沖と移動した後で南下し、南から来た黒潮に乗って東に移動する。日付変更線付近まで達し、冬を越す。翌年満二歳、体長七〇～八〇センチ、体重一〇キロほどになり、春には日本近海に西進、夏には北上、秋には東進という時計回りの回遊を行う。このとき群れの一部は日付変更線を越えてアメリカ、メキシコ沿岸にまで達した。

三～四歳になると体長は一メートルを超え、卵を産むようになる。渡洋回遊をして太平洋を渡りメキシコ沿岸に達したものも産卵場である沖縄から台湾沖にかけての海域に帰ってくる。そして産卵に参加するのである。

クロマグロはまた南半球の一部にも回遊することが知られている。大きなクロマグロがニュージーランド、オーストラリアあるいは南米のペルーやチリの沖合で漁獲されている。

ジャワ島沖が産卵場、ミナミマグロ

ミナミマグロは同じような回遊を南半球で行っている。産卵場はインドネシアのジャワ島沖合にあり、八歳以上の大型のミナミマグロが集群し産卵する。産卵期は九月から翌年の三月までの約半年間である。

ふ化し成長した稚魚はやがて一五～二〇センチの幼魚になると群れを作ってオーストラリアの西岸に沿って南下を始める。満一歳から二、三歳くらいまでオーストラリア南岸で過ごした後で、南半球の外洋、南緯四〇～五〇度の東西に広い海にその生息域を拡大する。

そして満八歳以上に成長して、成熟したミナミマグロは再び産卵場であるジャワ島沖合い海域に戻ってゆく。稚魚がふ化したときの体長はたった三ミリであるのに自分が生まれた海を覚えていて再びそこに戻っていくのは実に神秘的な現象である。

イルカと回遊するキハダ

キハダとメバチは赤道を挟んで南北二〇度前後の広大な海域を産卵場にしている。ふ化した稚魚は自力で遊泳できるようになると群れを作り、餌を求めて回遊を始める。マグロの幼魚はホンダワラなどの海藻や流木などの流れ物につく性質がある。このような流れ物にはさまざまな魚類の稚魚が隠れ家あるいは住処として居着いている。小さな稚魚は流れ物に隠れるように住みつき、やや大きな幼魚は少し下に群れを作って、流れ物の影に隠れるように移動している。さらに離れたところに、さらに大きな魚が群れを作っており、流れ物を中心に小さな生態系を形成している。流れ物とそれを住処にする魚類の関係は、さながら海洋に漂う小宇宙である。

流れ物の種類には海表面に漂うホンダワラなどの海草や流木だけでなく、回遊しているジンベイザメや鯨、また東太平洋ではイルカにキハダの群れがついていることもよく知られている。海草や流木についている群れを「木つき群」、サメについているものを「サメつき群」、鯨についているものを「鯨つき群」と呼んでいる。流れ物についていないマグロだけの群れを「素群れ」と呼ぶ。

キハダはさらに成長するとキハダだけの単独の群れ行動が増え、餌を求めて群れごとに高速で遊泳し移動している。メバチは幼魚のときまではキハダとともに群れを形成し流れ物などにつくが、成長すると深海に移動しそこを生息域とするようになる。

メキシコの沖合から中米にかけての東部太平洋では、キハダの群れがイルカの群れについて回遊することがよく知られており、アメリカなどのまき網漁船がキハダを漁獲するときにイルカもいっしょに漁獲し殺しているというので、アメリカ内でイルカ保護グループなどにとりあげられて問題になった。現在は網に入ったイルカだけを逃がす方法が確立し、イルカの死亡率は極めて小さくなった。

ビンナガの産卵期は南北半球で正反対

ビンナガは赤道域をはさんで南北両半球に産卵場を持っている。例えば北太平洋の場合、北緯一〇～三〇度、東西は太平洋の西半分にあたるような広大な海域を産卵場としている。南太平洋ではちょうどこれと反対の南緯一〇～三〇度あたりまでの海域がそうである。

ビンナガの産卵場は南北太平洋の二カ所にあり、南北半球で季節が逆転するように産卵時期も正反対になる。そのために太平洋に異なる産卵期を持つ群れが二群いると考えられている。

北太平洋の場合、ビンナガは生まれて数ヶ月、体長二〇センチくらいで北上回遊を始める。これは餌を求めるための索餌回遊《さくじかいゆう》であると考えられている。ビンナガは北緯二〇～四〇度付近までの温帯域で数年生息し、成長すると徐々に南下する。

ビンナガの成熟年齢は八歳と考えられているが、成熟した魚は南の産卵場へもどって産卵行動に参加する。成魚になったビンナガは温かい海にとどまり北への索餌回遊は行わないようである。

上りカツオと下りカツオ

カツオは熱帯マグロであるキハダと同じように赤道を挟んで南北三〇度くらいまでの広大な海域を産卵場にしている。熱帯域では特に決まった産卵期はなく、産卵は周年起きていると考えられている。

昔から「初カツオ」あるいは「上りカツオ」で知られているように、カツオの当歳魚から二歳魚までの一部が日本近海に来遊することがよく知られている。この来遊群は秋になると南下し「戻りカツオ」あるいは「下りカツオ」として知られている。脂がよくのっていて美味である。カツオは熱帯から温帯にかけての広大な海域に分布しているので、日本近海に来遊するのはそのごく一部であると考えられている。

4、稚魚の生態

マグロは卵を何個産む?

クロマグロは日本周辺を回遊し、特に冬場に津軽海峡周辺で漁獲されるマグロはグルメブームにのり「大間のマグロ」として全国的に有名になった。このクロマグロは春には沖縄から台湾にかけての南西諸島付近の海域で産卵する。

この巨大なマグロが何個の卵を産むのかというのが研究上の興味であり、一匹のメスの卵巣内にある卵の数を抱卵数という。近縁の大西洋クロマグロではこの抱卵数は約二〇〇キロのマグロで一六〇〇万粒、三二四キロのマグロで五七六〇万粒とされている。つまり三〇〇キロ近いマグロは約五〇〇〇万粒の卵を産むのである。

魚類の卵には卵塊で生むもの、ひとつひとつばらばらに生むもの(分離卵)がある、また水中で沈むもの(沈性卵)、浮遊性のもの(浮遊卵)などがある。サケは川底に沈むタイプの卵を産み、ハタハタは海草などに塊として付着するタイプの卵(粘着卵)を産む。

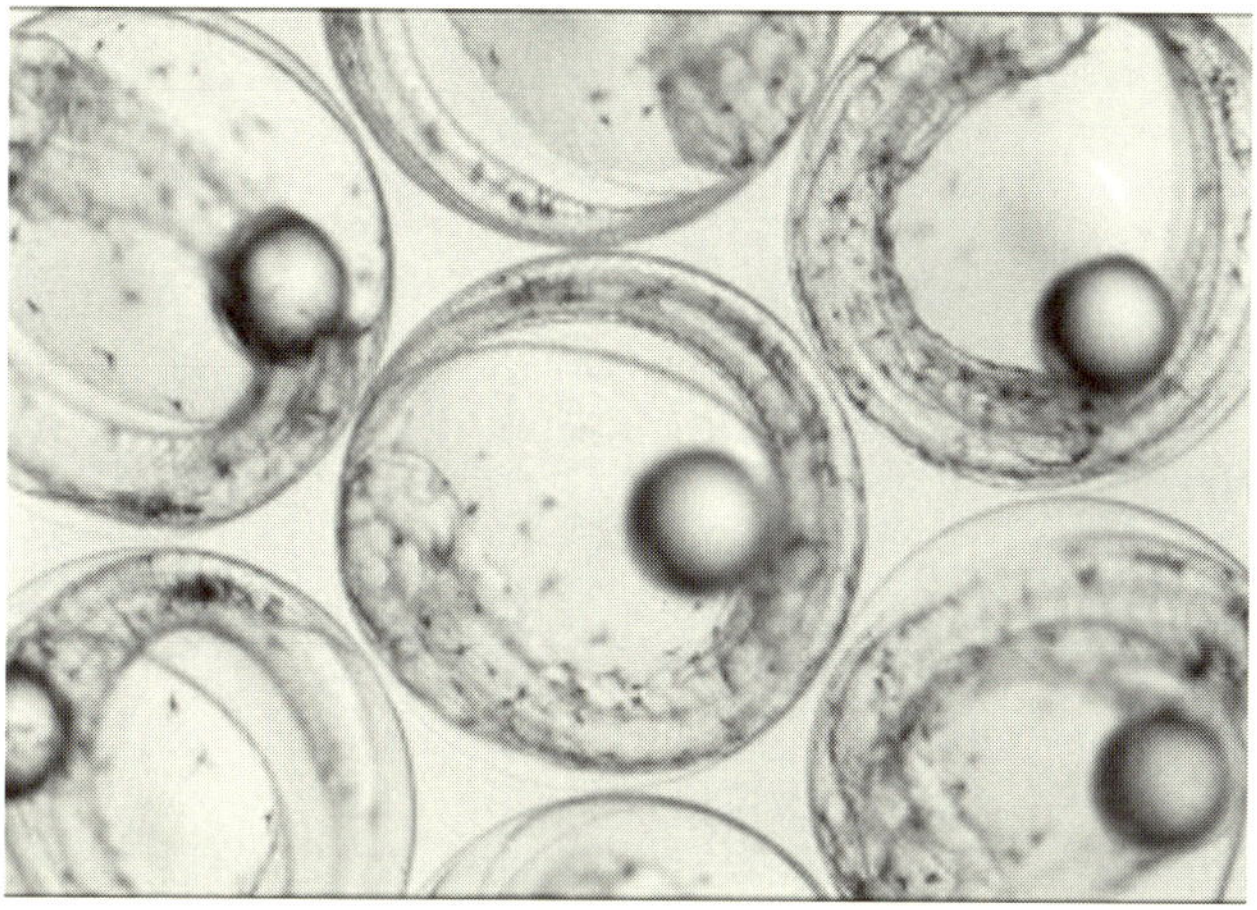

図 1-19　マグロの卵

これに対し、マグロは分離浮遊卵というひとつひとつばらばらで水中に浮遊するタイプの卵を産む。いわば産みっぱなしのタイプである。広い外洋を泳ぐマグロはサケの産卵場のような川底や沿岸魚のように卵を隠して保護する場所がないため、ひとつひとつばらばらの卵を海中に放出するのだと考えられる。

マグロは多回産卵である。多回産卵とは一シーズン中に同じメスが一、二日間隔で何度も卵を産むことをいう。実際、養殖しているマグロで同じメスが一シーズンの間に複数回の産卵を行うことが観察されている。

巨体に似合わず極小の卵

またマグロはその巨体に似合わず小さい極小サイズの卵を産む。その直径はわずかに一ミリの球形で無色透明であり、中にきらきらと輝く油の玉が一粒入っている。これを油球といい、卵を浮かせる役割をしていると考えられている。三〇〇キロのマグロは直径わずか一ミリの卵を五〇〇〇万個産む。一匹でなんと日本の人口の半分くらいの子供を産むのである。

これはマグロの産卵場は海洋の真ん中でまわりに卵を隠したり保護するのに適した場所がないので、できるだけたくさんの卵を産むことにより稚魚の生き残りを高くしようとする適応であると考えられる。事実、海洋の真ん中で放出された卵は多くの魚類やイカなどの海洋生物の餌として食べられるだろうし、ふ化直後のマグロ類はお互いに共食いをすることが知られている。

マグロの資源、人間でいえば人口、を維持するためには二尾の親から二尾の子供が親まで生き延びればよい。これよりも多い数の子供が生き延びればマグロの数（人口）は増加するし、それ以下ならば減少していくのである。そういうわけでマグロが産む五〇〇〇万の卵のほとんどは死滅する。そのなかの一部は餌となって他のマグロや、同種の稚魚に捕食されそれらが生き延びるために役に立っているのだろう。

稚魚の高い死亡率

このふ化したばかりの仔魚、稚魚期は死亡率の高いことが知られており、卵から親までというマグロの完全養殖を実現するための大きなハードルとなっている。ふ化直後から体長五ミリ以下まで、卵黄を吸収する前の自力で遊泳できない状態を仔魚といい、卵黄を吸収して自力で遊泳し、変態が終わって成魚とほぼ同じ形になる数センチまでの時期を稚魚という。

仔魚は飼育実験からもわずかな水温変化や物理的な擾乱（渦などの海水の動き）で大量の仔魚、稚魚が死亡する。自然界においては他の魚類やイカなど他の生物による捕食による死亡も稚魚の死亡原因として無視できない量であろう。

この稚魚が大量に死亡することを初期減耗《しょきげんもう》といい、魚類の再生産では必ず起きることと考えられている。先ほども述べたように、群れの大きさを維持するためには二尾の親から二尾の子供が生き延びればよく、逆にすべての稚魚が生き延びて親になったら、海はマグロであふれてしまう。

この初期減耗をいかに低く抑えるかが完全養殖を成功させるひとつのキーポイントであるといわれている。また自然界では初期減耗の度合いは年で変わり、ある年の生き残りがよくなったりすると、その年生まれの魚は大量に出現する卓越年級群《たくえつねんきゅうぐん》となる。いわば

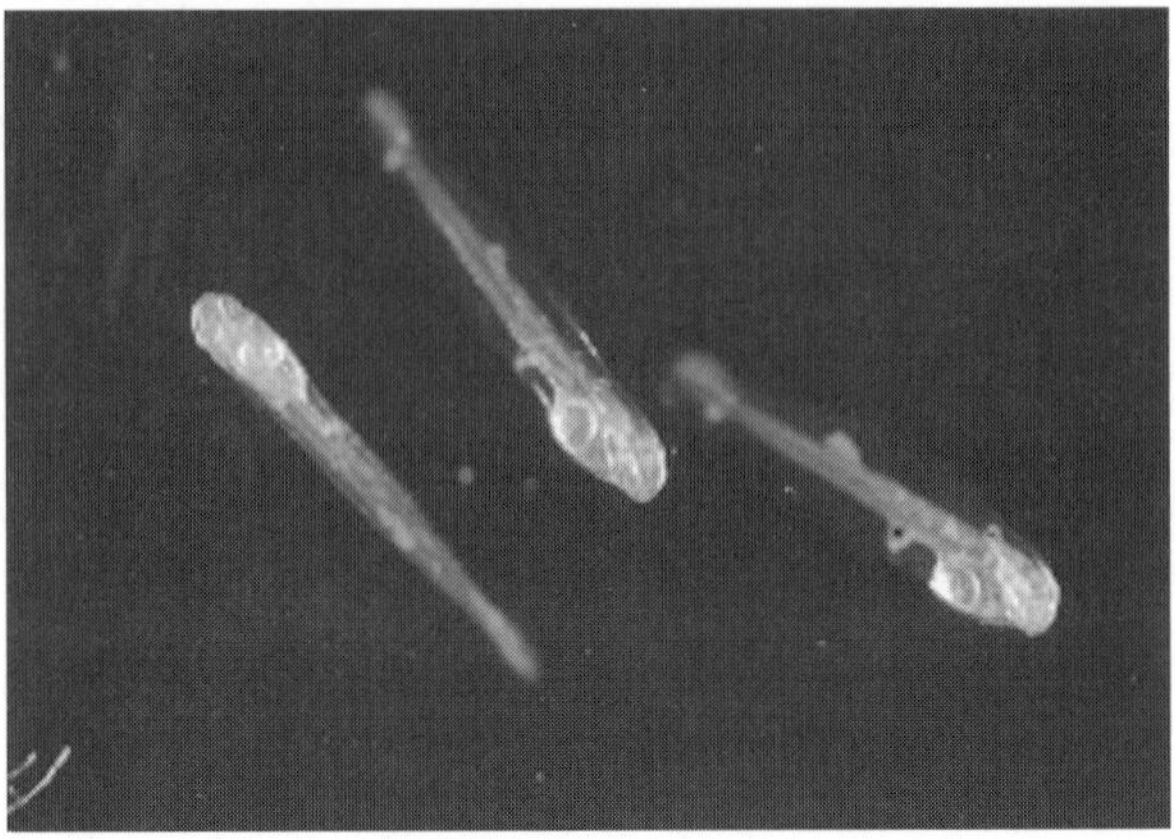

図1-20　マグロの稚魚。死亡率は高い

団塊の世代のようなグループである。その結果、数年後には大量のマグロが漁で獲られ、浜にときならぬ大漁をもたらすこととなる。

希薄な親子関係

このように圧倒的な卵の数とその後の生き残りが極端に変化することから、水産資源学の世界ではマグロには親子関係がない、あるいは希薄であるといわれている。この親子関係がないとは、親が多くても生き残る子供が多いとは限らない、あるいはその逆で、親が少なくても多くの子供が生き残る可能性があるということである。これは人間のように子供の数が極端に少なく、親の数が次世代の子供の数に密接に関係があることに慣れていると、にわかには理解できない。

先にも書いたように一尾のメスが日本の人口の半分に匹敵するような卵を産み、その中の数尾からせいぜい数十尾しか生き残らない世界では、親子関係（親と子の数の関係）が希薄なのである。ただし、親の数が一定以下に減るとみるみる子供も減って資源は崩壊してしまう危険もはらんでいるので、そうそう楽観もできない。親資源量の動向には注意が必要な所以である。

最初の餌はノープリウス

海の中で受精した卵はほぼ一昼夜でふ化する。ふ化したばかりの仔魚は透明で針のように細く、卵黄膿という栄養分の塊の袋をおなかにぶらさげている。この時点では口も開いていないし、目の色素もない。自力で泳ぐこともできずに浮いたり沈んだりしている。

ふ化後二、三日すると卵黄膿の栄養分をすべて使い果たし、口が開くようになり、目も見えるようになる。そして自力で泳ぎながら小さなプランクトンを餌とするようになる。餌はコペポーダの幼生であるノープリウスである。

コペポーダはエビカニの仲間である小型の甲殻類で海洋に広く生息し多くの魚類の重要な餌生物となっている。その幼生であるノープリウスは遊泳力も弱く、小さなマグロ仔魚の餌として最適である。さらに成長し五ミリ以上になると遊泳力も増し、大型のコペポー

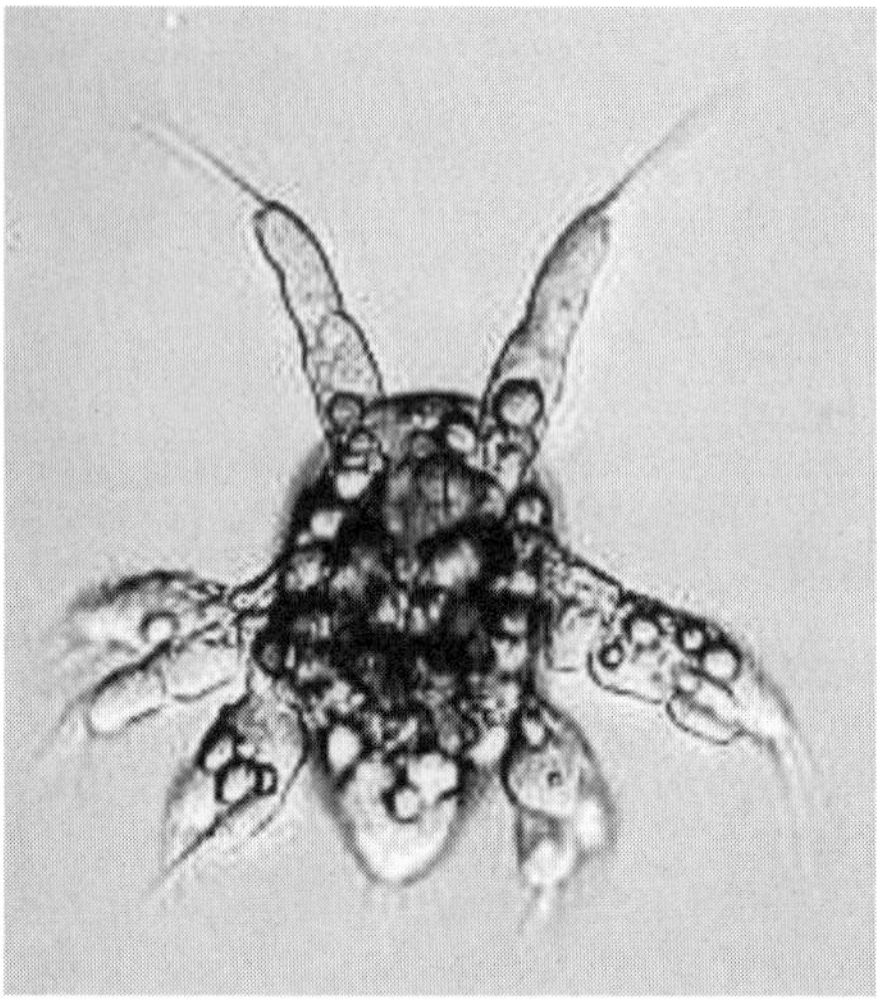

図 1-21　最初の餌はノープリウス
水産センター東北水産研究所

ダや魚類仔魚なども餌として利用するようになることが知られている。

この仔魚、稚魚の時期のマグロの体形は親と比べて頭部や口が大変大きく、獅子舞の獅子頭のようである。この時期、栄養のある餌をたくさん食べて早く成長するため、あるいは同時期にふ化したマグロ類の仔魚を捕食するためにこのような大きな頭と口をしているのだろう。

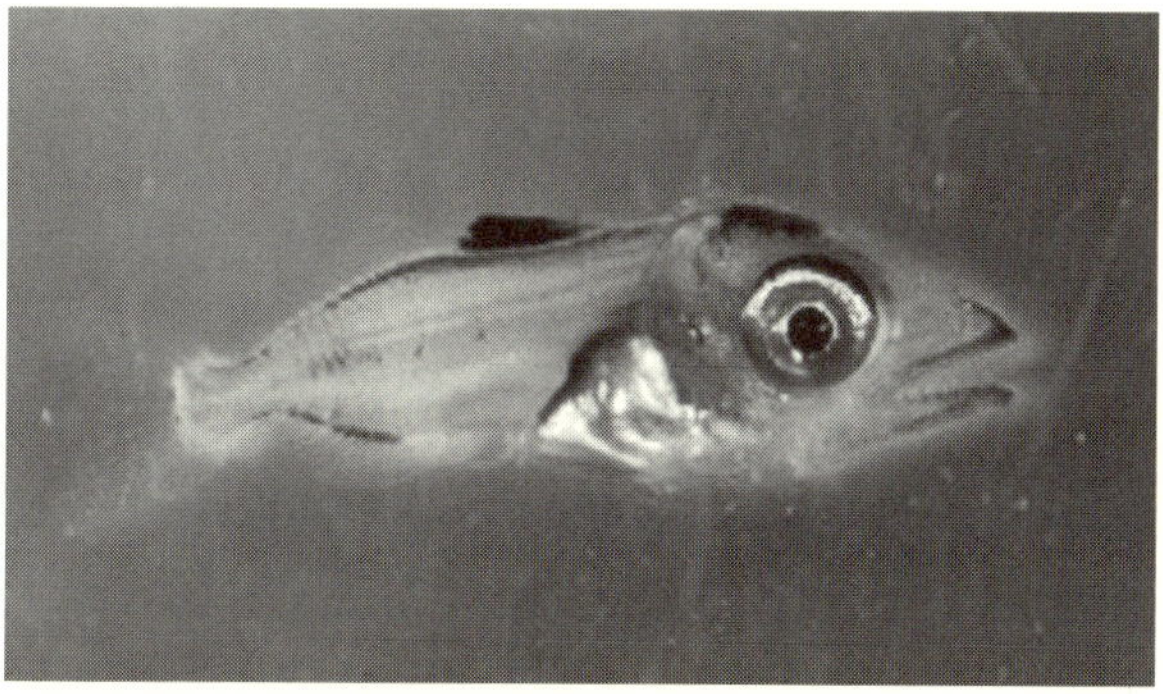

図 1-22　頭の大きな稚魚

5、マグロの年齢、成長

マグロの年齢はなんでわかる?

　マグロの年齢がわかるといろいろといいことがある。まずはマグロがどのくらい生きるのか、年間の成長はどのくらいかなどの生物学的な情報が明らかになる。そして漁獲物の年齢構成がわかると資源量の推定精度が向上する。

　マグロの年齢は頭蓋骨の中にある耳石《じせき》と呼ばれるカルシウムの塊や、脊椎骨あるいは背びれの棘を使って調べることができる。

　耳石は魚類の内耳の三半規管の中にある炭酸カルシウムの塊である。この塊が重力の影響を受ける方向を三半規管で感知して、魚は海の中でも自分の姿勢を知ることができ、また、聴力向上にも役立って

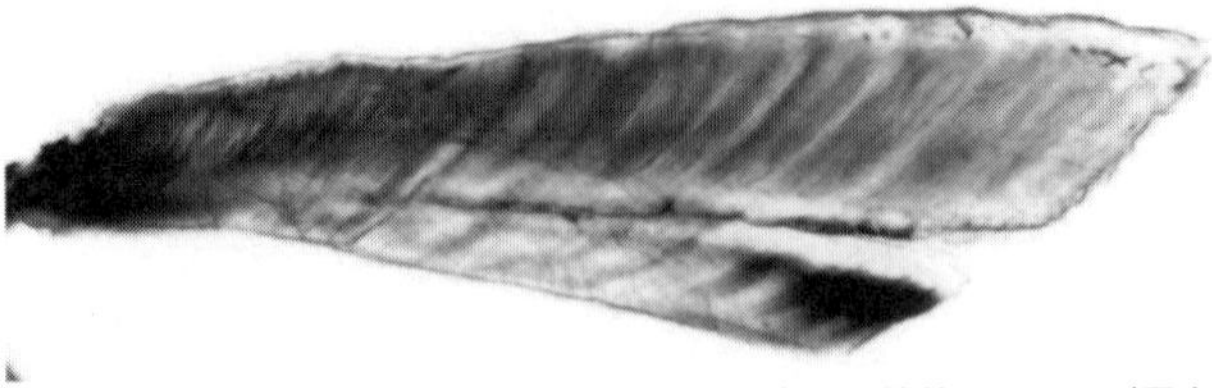

図 1-23　クロマグロ耳石の断面図。年齢に対応する輪紋がみえる（写真提供：田邊智之氏）

いる。具合がよいことにこの耳石は魚の成長とともに大きくなることが知られている。この耳石に樹木の年輪のような模様ができ、表面や断面の模様を読み取ることにより魚の年齢を知ることができるのである。

実は背骨を構成する脊椎骨や背びれの棘にも同様な模様があって年齢を知ることができるが、最近は正確さの点から耳石が使われることが多い。

また、耳石を顕微鏡で調べるとさらに細かな模様が観察できる。これは魚の一日の成長に対応してできる模様で日周輪という。これを調べることにより、その年齢（日齢）を知ることができる。

マグロは成長し続ける！

クロマグロの成熟は三歳から始まり寿命は太平洋では一〇歳以上、大西洋では二五～三〇歳と考えられている。成長は早く、春にふ化したものが秋には二〇～三〇センチになり、一年では約五

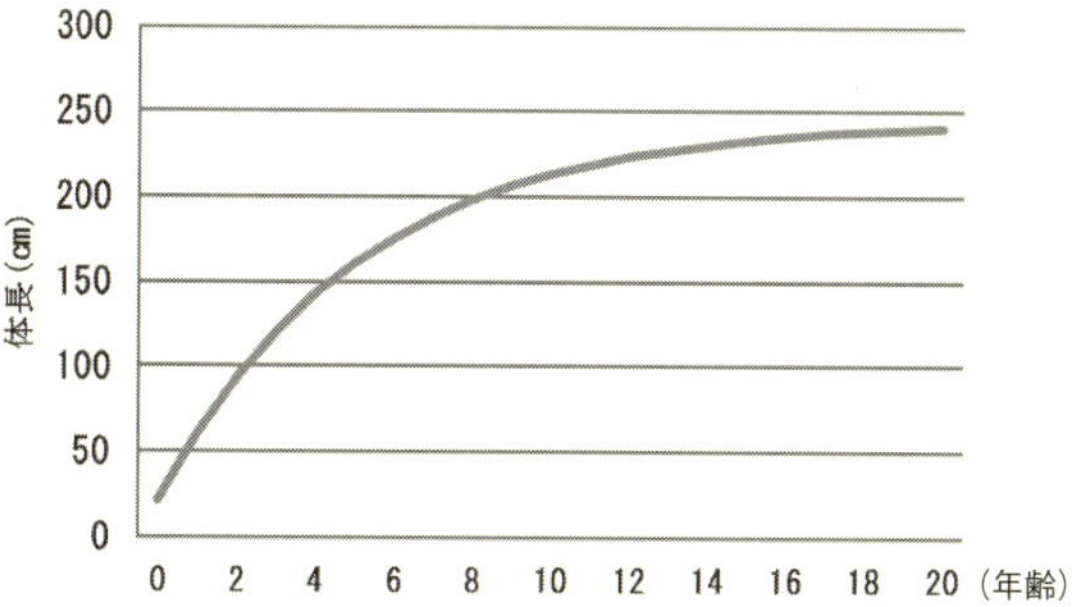

図 1-24　初期の段階ではすごいスピードでマグロは成長し続ける！

〇センチになる。その後、三歳で約一メートル、九歳で二メートル、一三歳で約二メートル五〇センチになるといわれている。

ふ化時には体長約三ミリのマグロが四ヵ月で長さが三〇センチになり体長だけでも約一〇〇倍近く成長することになる。この魚の成長を式で表したものを成長式、図にしたものを成長曲線と呼ぶ。

マグロの成長を大きさ（長さ）でみると、生まれた直後から幼魚のうちはほぼ直線的に成長する。その後、マグロの成長速度は徐々に緩み曲線は傾きが下がり、ついにはX軸と平行になり、まったく成長しなくなる。このときの体長を理論的最大体長と呼ぶ。

人間を含む哺乳類は割合に早く理論的最大体長に達し成長しなくなるが、魚類では理論的最大体長はずっと高齢で、寿命のあるかぎり成長し続けるようなタイプが多い。実際には海洋でとれる餌の量により成長は制限されると考えられるが、基本的には連続して成長し続けるような生物であると考えられる。

成長の早い熱帯マグロ

そのほかのマグロの成長をみてみよう。

ミナミマグロの成熟年齢は八歳といわれている。一歳で約五〇センチ、二歳で約七〇センチ、八歳の成熟時には約一四〇センチに達する。寿命は二〇歳以上とされ、耳石の解析から得られた最高齢のミナミマグロは四五歳であった。

キハダやメバチなどの熱帯性マグロは成長が早く、しかも早く成熟する。キハダの成熟体長は九〇〜一二〇センチ、成熟年齢は二、三歳である。成長は一歳で五〇センチ、二歳で一〇〇センチ、三歳で一三〇センチである。成長、成熟も早いが寿命も短く七歳から一〇歳であろうといわれている。

メバチの成熟も早い。メバチは二、三歳、体長一メートル前後で成熟する。寿命は標識放流後一〇年以上たって再捕獲されたものがいるので、一〇〜一五歳くらいであろうと考えられている。成長式から推定される成長は一歳で四四センチ、二歳で七六センチ、三歳で一〇二センチ、四歳で一二三センチ、五歳では一四〇センチに達する。

ビンナガは五〜六歳、体長約九〇センチで成熟する。標識放流の結果から寿命は一六歳以上であると考えられている。もともとが小型のマグロなので、ビンナガの成長は他のマグロに比べてやや劣る。一歳で三六センチ、二歳で五一センチ、七歳でようやく一〇一センチに達する。

あっという間に成熟するカツオ

資源量が最も多く、熱帯から日本近海にかけて分布するカツオはあっという間に成熟する。なんと一〜二歳、体長四〇〜四五センチで成熟する。生まれて一年たてばもう大人である。体長は一歳で約四〇センチ、二歳で六〇センチ以上、三歳で七〇センチ台と推定されている。

こうしてみるとクロマグロ、ミナミマグロ、ビンナガなどの温帯性マグロは成熟年齢も遅く、寿命も長い。これに対し、キハダ、メバチなどの熱帯性マグロは成長も成熟も早いが寿命は短い。カツオを含めて熱帯性マグロは生産性が高く、回転の速い資源であるということができる。

6、マグロを追跡する！

マグロの行動、回遊を解明する

広い海洋を高速遊泳するマグロと人間の出会いは、漁業を通じてであった。釣りあげ、あるいは網で捕まえ、追い込み漁で銛を打ち込むことによって漁師はマグロを手に入れ、マグロと出会ってきた。

その昔、地先でしかマグロを捕まえることができない漁師にとって、季節的に回遊してくるマグロがどこから来てどこに去るのかは知りえない謎であった。もっとも、ギリシャの哲学者アリストテレスは、東地中海のマグロの回遊を想定した論文を残している。

近世になって竿釣り漁業やまき網漁業でマグロの群れを追うようになると、群れとしての行動を目撃することになった。マグロがどこから来てどこに去っていくのか、マグロの生活史を通じての回遊の全体像の把握は漁業の利便性の点からも解明が望まれた。またマグロがどのくらいの深さにあるいは水温に生息するのか、一日の行動パターンはどうなっているかなど、その行動についても謎が多く、漁法によってはマグロの漁獲効率をあげるためにこれらの情報の収集が望まれた。

しかし海洋中のマグロの行動は直接みて観察できる部分が少ないので、昔は漁獲調査資料を使ってマグロの回遊を推定し、後にはさまざまな道具や技術を開発して解明していくこととなった。

マグロ追跡のツール

マグロの回遊を解明するために、最初に行われたのは漁業からの情報を整理する方法である。特に季節的に回遊するマグロ・カツオについては魚群の北上にともない漁場も北に移動していく、この魚の獲れ方の情報を集め整理して魚群の移動を推定したのである。

さらには獲れたマグロの大きさを測り、時期、海域による漁獲体長の違いから魚の移動ルートを推定する方法も採用された。マグロの年齢と成長が別にわかっていれば、魚の大きさから年齢が推定できる。例えば太平洋の西で一歳魚が漁獲され、太平洋の東では二歳魚が漁獲されれば、マグロは一歳から二歳にかけて太平洋の西から東へ移動すると推定される。

漁獲資料を用いた具体例（ビンナガの回遊モデル）

日米の漁獲資料と体長測定データから作成した北太平洋のビンナガの回遊モデルを図に

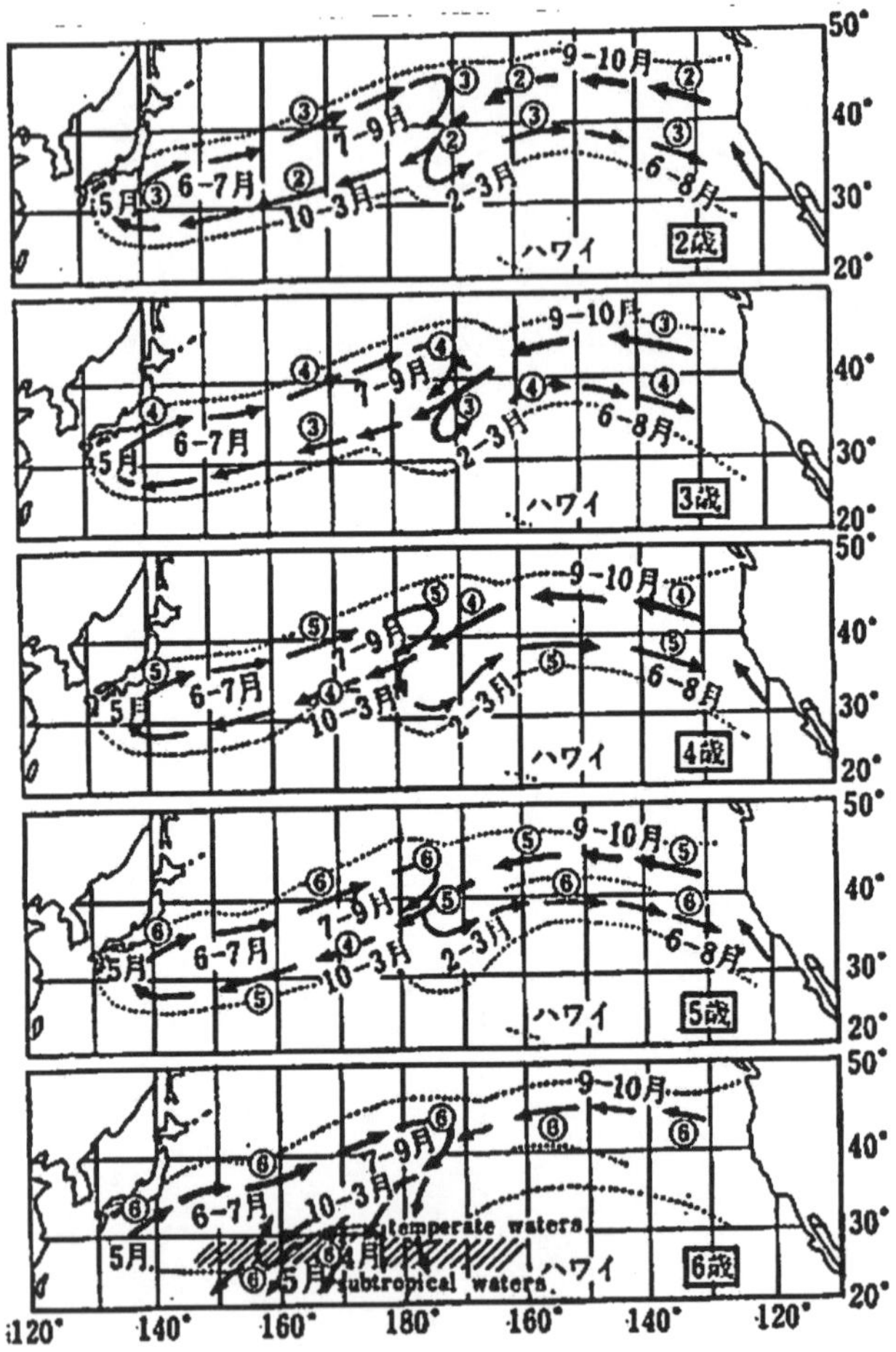

図 1-25　漁獲資料を用いた具体例となる図（オーツとウチダ 1963）

示した。ビンナガは日本の竿釣り漁業、アメリカの曳き縄漁業で漁獲され、双方の漁業の時期と漁獲された魚の大きさが違っていたので、この点に注目したアメリカの研究者がビンナガの回遊モデルを推定したのである。

このモデルは魚の移動の直接観察から作成されたものではないが、一九六三年に作成され、長く北太平洋のビンナガの回遊の概念として用いられてきた。

発見すると景品がもらえます

次に用いられるのは標識放流である。これはマグロに同じ番号のない固有な番号がつけてあるプラスチック製の標識（タグ）を装着して放流し、漁業で再び捕まえ、放流した地点からつかまった地点までの移動情報を得る方法である。この標識をつけたマグロを多量に放流し、多くの情報を得れば、季節別の移動、大きさ別の移動、移動中の成長などマグロの移動についてのさまざまな情報を得ることができる。

ただし、この方法にはメリットとデメリットがある。メリットとしては、マグロにつける標識《タグ》自体は安価なので多量に使用することができる。また再捕（標識をつけたマグロを再び捕まえること）の効率をあげるためには、再捕を推進するポスター（標識放流調査と再捕のときの景品のお知らせ）を漁協や関係機関に配布するだけで行うことができるな

図 1-26　発見すると景品がもらえます（遠洋水産研究所 HP）

ど、実行のしやすさがある。

マグロに装着した標識はマグロを獲った漁師や魚市場で働いている人、加工業者などによって発見され、研究所に報告される。いい景品をつけると標識の報告率は当然のことながら向上する。そこで海外では報告された標識について年に一回くじ引きをして一〇万円くらいの当選賞金を提供したりしている。当たれば一〇万円もらえるとなると、漁業者や加工業者の協力も得られやすい。しかし、残念ながら日本では法的な規制があり、景品にはわずかな予算しか当てることができない。それで、これまでに日本で配布した景品はTシャツやタオルなどである。

最大のデメリットとしては、放流した地点と再び捕獲された地点の情報しかわからない点である。つまり二点間の途中の行動についてはまったくわからない。放流から再捕地点まで直線的に移動してきたのか、いろいろなところを迂回してきたのかはわからないのである。研究者は海図の上で放流した地点から再捕された地点を直線で結ぶときに常にこれでよいのかという、とまどいを感じているのである。

標識放流を使ったカツオの回遊調査

江戸時代から珍重していた「初カツオ」はどこからくるのか、日本に来遊してくるカツオと南方の熱帯域に分布しているカツオの関係を調べるために、一九七六年から一九八三年にかけて八〇〇〇尾を超えるカツオが標識を付けて放流された。

カツオの再捕獲結果によると、赤道から北緯一〇度に生息する小型のカツオは、主に東西移動を行い、北へは移動しなかった。

また、北緯一〇～一五度に生息する小型カツオは南下するものが多く、日本近海へは来遊しなかった。そして、その北の海域である北緯一五度～二〇度に分布するカツオは一月～三月にかけて北上回遊し日本近海へ来遊すること、また三月から四月に北緯二〇度から二五度に分布するカツオが日本近海へ来遊することがわかった。

また日本近海に生息するカツオの南下回遊を調べるため、一九六七年から一九九二年までに約四万尾のカツオが日本近海の北緯二五度以北で放流された。東北沖で放流されたカツオのうち二歳魚は冬に九州南方に南下して越冬し、翌年再び北上回遊したが一部はそのまま九州南方海域に滞留し、あるいはさらに南方の赤道域に南下した。

九州南方で越冬したカツオの北上ルートは主にマリアナ諸島から伊豆・小笠原諸島沿いのルートと天皇海山沿いのルートの二つであった。九州南方から列島線上に沿って北上してくるコースを通る魚はあまり多くなかった。

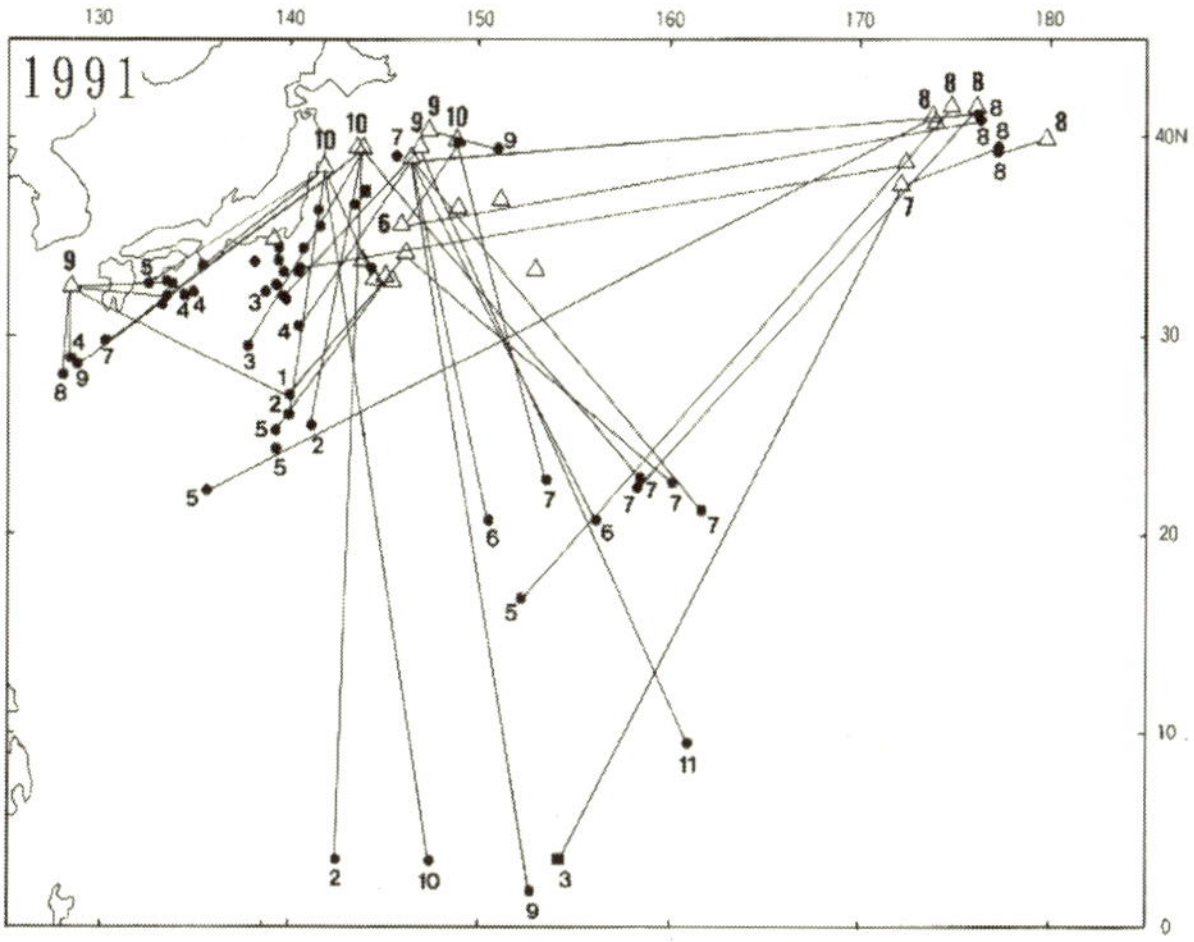

図 1-27　標識放流を使ったカツオの回遊調査
カツオの標識放流の結果。南下回遊（渡辺ら 1995）

人工衛星を使ってマグロを追跡？

人工衛星を使ってマグロを追跡する方法も検討された。陸上動物や数種類の海産動物に電波発信機を装着して人工衛星でその移動を追跡する手法がとられている。フランスにあるアルゴス社では同社の発信機を購入すると衛星経由で送られてきた発信機からの情報をいつでもホームページでみることができる。研究者はアルゴス社から発信機を購入し、動物に装着して放した後で、インターネット上で放した動物の軌跡を追跡できるのである。

海洋生物では鯨やウミガメ、サメなどがこの方法で追跡されている。しかし、この方法は電波を使うため、海面に出てこない生物には適用できない欠点がある。電波は水中をほとんど通過しないのである。

鯨やウミガメは海面に出て呼吸を行うので、その際に人工衛星に向かって電波が発信される。サメは肺呼吸ではなく海面で呼吸する必要はないので水面には出てこない、そこで背鰭に長いアンテナのついた発信機を取り付けたり、浅い水深で遊泳しているときに水面に浮かぶ曳航体を大型のサメに曳かせて、そのなかに発信機を取り付ける方法などが成功している。

ところがマグロではこの曳航体を曳かせるほど魚体が大きくない、水面近くで遊泳する頻度も多いかどうか不明であるなどの理由でこの方法は採用されなかった。

アーカイバルタグとポップアップタグ

マグロで採用されたのはアーカイバルタグ（電子標識）を使った方法だった。アーカイバルタグとは内部ＩＣメモリーに水温、塩分、圧力、照度などの環境情報や体温、心拍数、筋電位などの生物情報を記録する標識のことである。ステンレスでできた親指大の筒状容器に入っており、マグロではおなかの中に装着して使用する。

小型のＩＣタグにさまざまなデータが記録されていいことずくめのようであるが、アーカイバルタグには欠点が二つある。ひとつは再び回収されないとデータは永遠に手に入らないことである。広い海洋を泳ぐマグロに標識をつけるので、再び発見される保障はない。それでマグロのおなかの端からセンサーの一部が露出していることに加え、通常型の標識も装着してマグロが再捕されたときに発見率が高くなるように工夫している。

また低い発見率でもデータがとれるように数多くのアーカイバルタグを使用する必要がある。最近の研究では一〇〇尾以上のマグロにアーカイバルタグをつけて放流することが多い。アーカイバルタグは通常型標識に比べて高価である。通常型が一〇〇円程度であるのに比べて、アーカイバルタグは、もちろんその機能によって価格は異なるが、ひとつがおよそ三〇万円程度である。

一〇〇尾を放流するということは、アーカイバルタグだけで三〇〇〇万円の予算が必要になる。さらに日本では放流するマグロの代金を獲ってもらった漁師に支払うことが多い。高いマグロだけにこの代金もばかにならないくらい高額である。

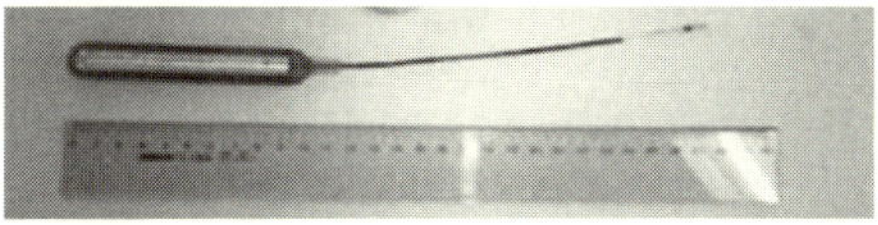

図1-28　アーカイバルタグ（http://www.big-game.jp/kaziki/k1/k1_11/index_1.html 高橋美緒）

難しい位置決めの問題

もうひとつは位置決めの問題である。人工衛星と電波でのやり取りができれば車のナビゲーションなどに使用されているGPSを使ってマグロの位置を記録することができるが、アーカイバルタグは電波は使用しない。そこで用いるのが、正確な時計と照度計の組み合わせで記録した日出、日没の時間である。地球上のあらゆる地点で日出、日没時刻はカレンダーで決まっている。このアーカイバルタグで測定された日出、日没時刻からプログラムにより、地球上の位置を推定するのである。

この水中下の動物の緯度経度推定法は画期的な発明であったが、推定方法なので誤差が生じる。この誤差は好条件がそろっていたとして緯度経度一度くらいあるとされている。特に緯度の誤差は季節が変化し、春分・秋分のころには推定できない。それで実際には海表面の水温データやマグロの一日の行動範囲などで補正が行われている。

アーカイバルタグによる追跡の具体例

太平洋のクロマグロは沖縄から台湾にかけての海域で産卵するが、成長しながらその一部は渡洋回遊を行って北米大陸のバハカリフォルニアに到達するとされていた。この渡洋回遊については、東太平洋にクロマグロの産卵場はなく、東太平洋の漁獲は一歳〜三歳の

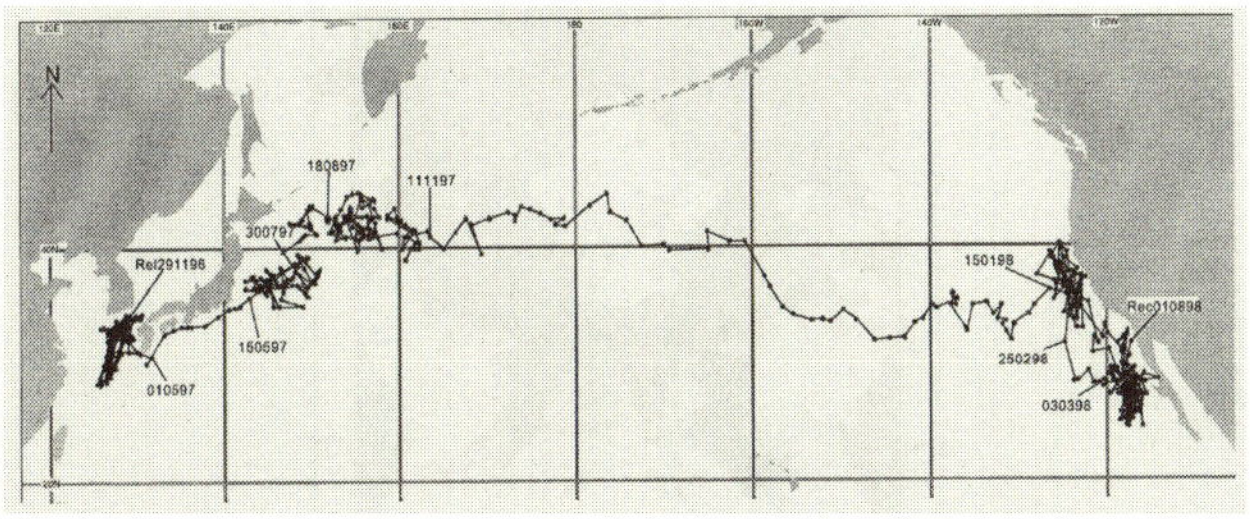

図 1-29　アーカイバルタグによる追跡の具体例（伊藤ら 2003）

幼魚が中心であることから、そう推定されていたのである。

静岡市にある遠洋水産研究所はアーカイバルタグを使用した調査により、この渡洋回遊を詳細に把握することに成功した。一九九六年一一月に長崎県対馬沖で放流した五五センチ（尾叉長）のクロマグロ幼魚が翌年五月初旬には九州南端から太平洋に出て、四国、本州に沿って東進し、五月中旬には房総沖の海域に達した。その後、三陸沖から道東沖に移動し、一一月中旬に渡洋回遊を開始した。このクロマグロは約二カ月で太平洋を渡り一九九八年一月中旬に北米カリフォルニア沖に達した。この渡洋回遊中の移動速度は一日あたり百キロ以上におよんだ。

またアメリカのスタンフォード大学では北米バハカリフォルニア沖でクロマグロにアーカイバルタグを装着して放流し、渡洋回遊の帰り道である東太平洋から西太平洋に至る回遊を実証した。それによると二〇〇二年一一月に放流された一一〇センチのクロマグロは翌年一月にカリフォルニア沿岸を離れ、渡洋回遊を開始した。日本沿岸にたどり着くまでにその途中にある天皇海山やシャッキーライズ海域で数カ月滞留したが、津軽海峡より日本海に入り、九月に日本海で再捕された。このように漁獲資料から推定されていた渡洋回遊がデータにより実証され、回遊中の状況が明らかとなった。

さらに東シナ海でアーカイバルタグをつけて放流したクロマグロから得られた調査データの詳細な解析により、クロマグロの行動生態に関する知見が得られた。クロマグロの腹の中に埋め込んだアーカイバルタグのセンサーにより腹腔内の体温が測定された。前述のようにマグロ類は魚類の中でも珍しく体温が高い。クロマグロが餌を食べると一時的に腹腔内体温が下がり、その後に大きく上昇するので、一日のうちで餌を食べる時間、その頻度などを知ることができる。

それによると冬には表層からおよそ一二〇メートル程度までの潜水を頻繁に繰り返した。特に夜は表層に長く滞在し、昼間は深くもぐる傾向があった。一方、夏にも夜間はほとんど表層に滞在し、昼は頻繁に潜水を繰り返したが、冬に比べると表層に滞在する時間が長かった。

これは冬には海水の温度が冷えて表層の水と深層の水が混じる鉛直混合が起こるため、

表層と深層とで温度差が少ないが、夏は海表面の水温は高く深層は低いために温度差が形成され、マグロがその水温の壁（専門的には水温躍層という）を越えないためと考えられた。

ポップアップタグ

アーカイバルタグの発見率が低く高額な予算がかかる点を改善できるのがポップアップタグである。基本はアーカイバルタグなのだが、タグ自体に浮力がついていて、細いワイヤーでマグロが曳航するように装着される。このタグの画期的な点はワイヤーにタイマーがついていて一定時間が過ぎるとタグが切り離されることである。それで記録する期間は一カ月だったり半年だったりと研究者が自由に決めることができるのである。

切り離されたタグは浮力があるので海面に浮上し、取りためたデータを衛星に向けて送信する。研究者は衛星経由でデータを入手できるのでポップアップタグを回収する必要はない。

ポップアップタグはアーカイバルタグの欠点を克服したかに見えるができないこともある。人工衛星に送信できるデータ量はアーカイバルタグに比べてごくわずかである。また、アーカイバルタグがマグロのおなかの中に装着されるのでマグロの体温や心拍数などの生物情報を入手できるのに対し、ポップアップは切り離し、浮上、衛星経由でのデータ送信という手順をとるので、マグロに曳航させるタイプの装着方法になり、マグロの体内情報は入手できない。

このようにマグロの行動追跡はそのときに人間が利用できるあらゆる技術を駆使して行っているが、まだまだこれからもさまざまな技術が開発されるだろう。

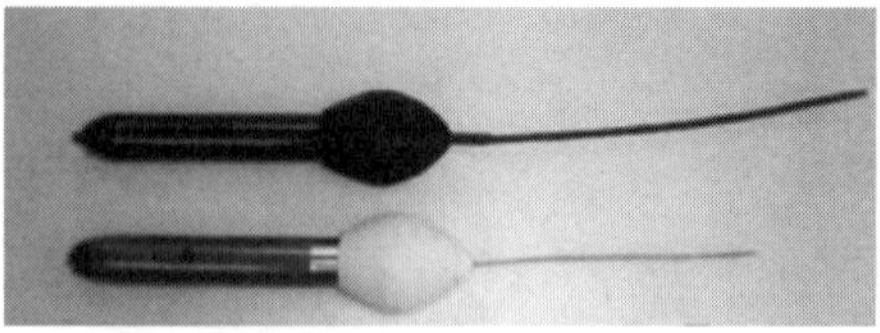

図 1-30　ポップアップタグ。

ポップアップタグの具体例

ポップアップタグを実際に使用した具体例としては、オーストラリアの研究所（ＣＳＩＲＯ）が行った例がある。この研究ではオーストラリア近海のタスマン海域で五二尾のミナミマグロの成魚にポップアップタグを装着し放流した。

追跡結果として、多くのミナミマグロは六月〜一二月までタスマン海域に滞留していた。滞在日数は三四日間から五五日間であり、早いものは九月、遅いもので一二月、大部分は一〇月には海域を去った。多くのミナミマグロは夏の間にタスマン海からオーストラリアの南岸を西進し南太平洋に分散していった。

一尾のミナミマグロはタスマン海からオーストラリアの西岸を北上しインドネシアのジャワ島沖の産卵場に到達した。これはミナミマグロが産卵場に回帰することを直接観測した初めての例である。このミナミマグロは放流地点から産卵場まで約九〇〇〇キロを一一三日で移動した。平均移動速度は一日あたり八〇キロにおよんだ。オーストラリア南西端のルーイン岬から産卵場までの一五五〇キロを北上するのには二六日間かかり、そのときの平均移動速度は一日あたり約六〇キロであった。

漁獲深度の調査

マグロの生態、行動の情報は漁業からも得られる。マグロはえ縄漁具は長い幹縄に釣り鉤のついた「えだ縄」をすだれのように取り付けた漁具である。浮きと浮きの間に五本から二〇本ものえだ縄がたれており、それぞれの釣り鉤の水深は漁具の仕立て寸法で計算できる。

例えば、浮きと浮きの間に五本のえだ縄を一定間隔で取り付け、順番に一番から五番まで番号を振ると、漁具全体がたわむので、両端の一番と五番がいちばん浅くなり、真ん中の三番が最も深い水深に敷設される。

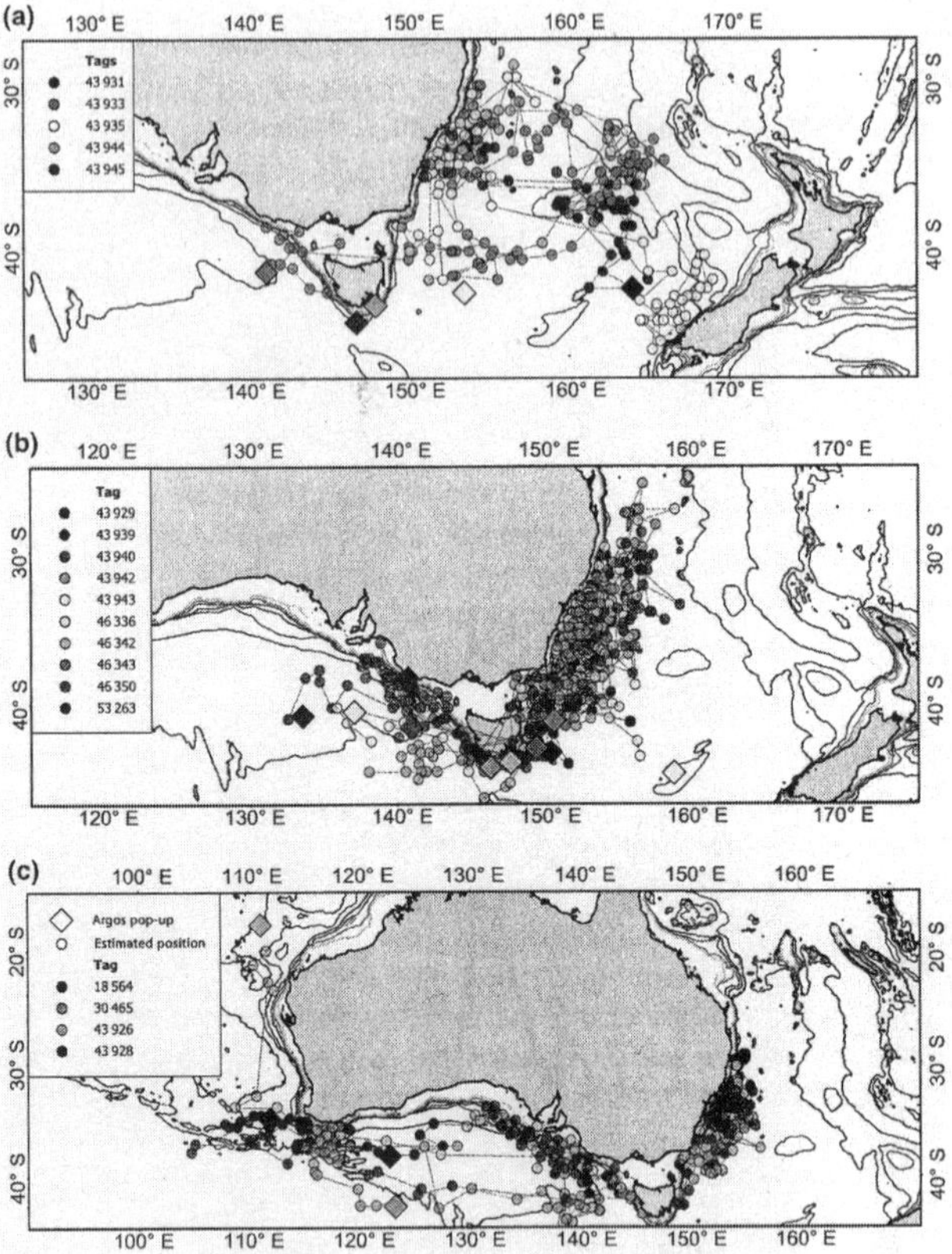

図 1-31　ポップアップタグ調査の具体例。これはミナミマグロの追跡図（パターソンら 2008）

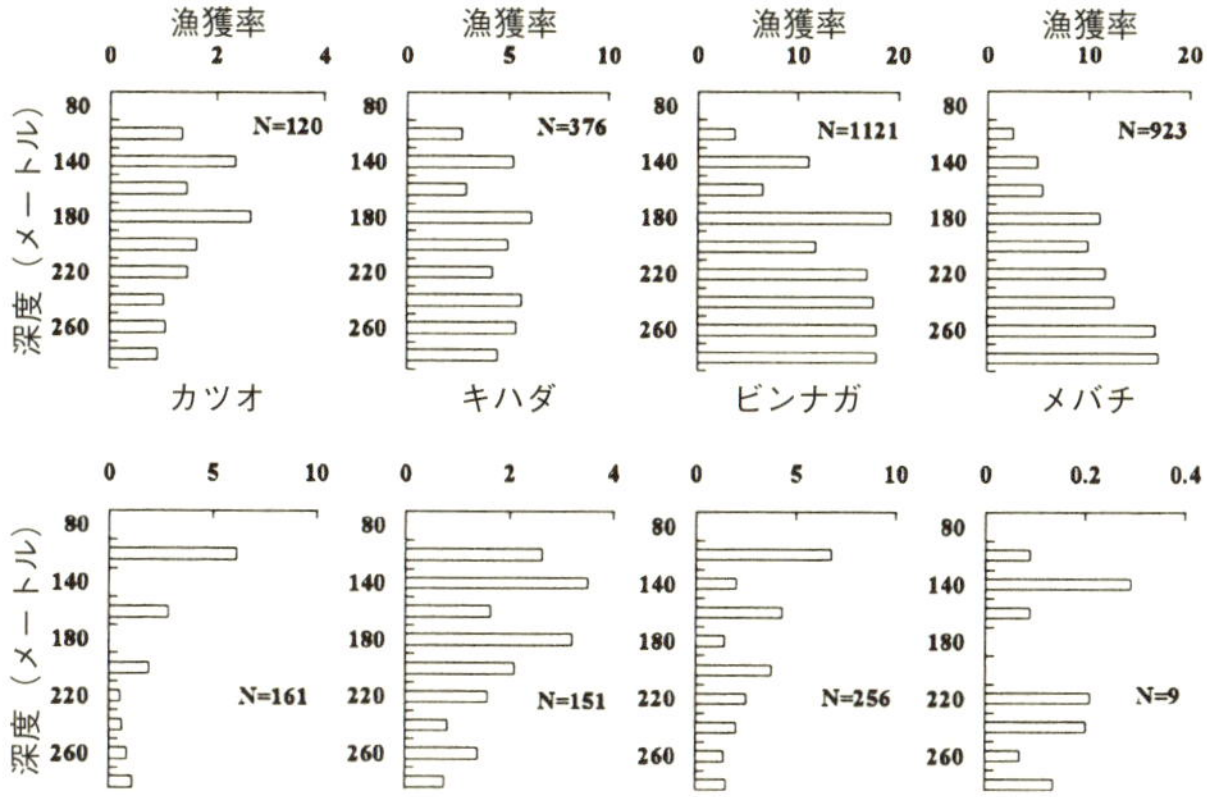

図 1-32　漁獲深度の調査。まぐろはえ縄漁具の枝縄別漁獲記録を整理して得られた魚種別深度別漁獲率

このえだ縄ごとに漁獲された魚の種類を記録して、それぞれのえだ縄の水深ごとに整理すると、魚種別の漁獲水深がわかるのである。

これをさらに正確に記録するためにはそれぞれの釣り鉤に小型の水深・水温計を取りつける。するとマグロがかかった水深や水温を直接観測することができる。またフックタイマーと呼ばれる装置があり、これはマグロが釣り鉤にかかってえだ縄にテンションがかかると簡単な機械仕掛けでそのときの時間が記録される仕組みになっている。

このような情報を整理することによって、マグロが餌を食べる時間や、そのときの水深、生息している水温などを知ることができる。

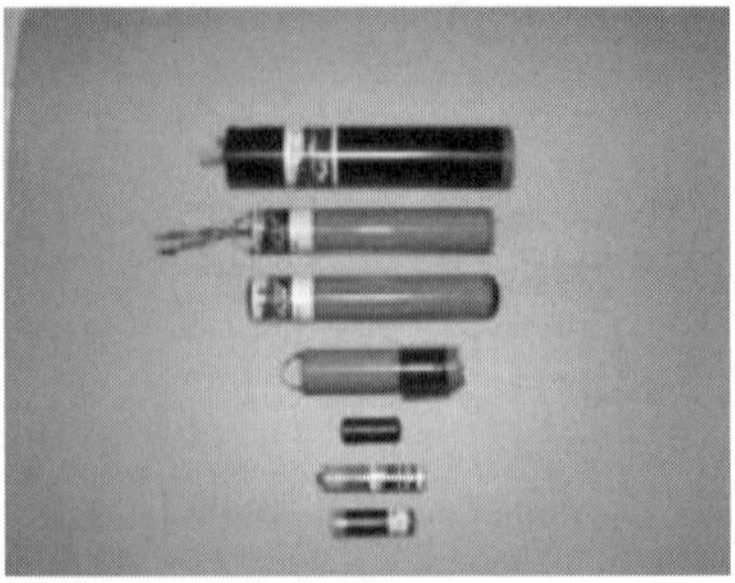

図 1-33　超音波発信機（ピンガー）（http://www.nipponkaiyo.co.jp/measuring/item.php?cid=6&id=26&itid=49 日本海洋株式会社）

超音波発信機（ピンガー）を使った調査

アーカイバルタグやポップアップタグが普及する前は超音波発信機（ピンガーと呼ばれる）を使ったマグロの追跡が主流であった。これは超小型のピンガーをマグロに装着して、その音を水中マイクで聞きながら船でマグロを追跡するというものである。

ピンガーには水圧計が内蔵してあり、水圧により発信音の間隔が変化するようになっているので、専用の受信機を使うと船からマグロまでの距離と方向、マグロの水深がわかる仕組みであった。それでマグロの生息水温、水深、日周行動などを調査するのにこの方法が採用された。

比較的安価で調査を行うことができるが、マグロを船で追跡するので、長期の調査は難しい。一尾を追跡するのは、せいぜい数日から一週間程度である。

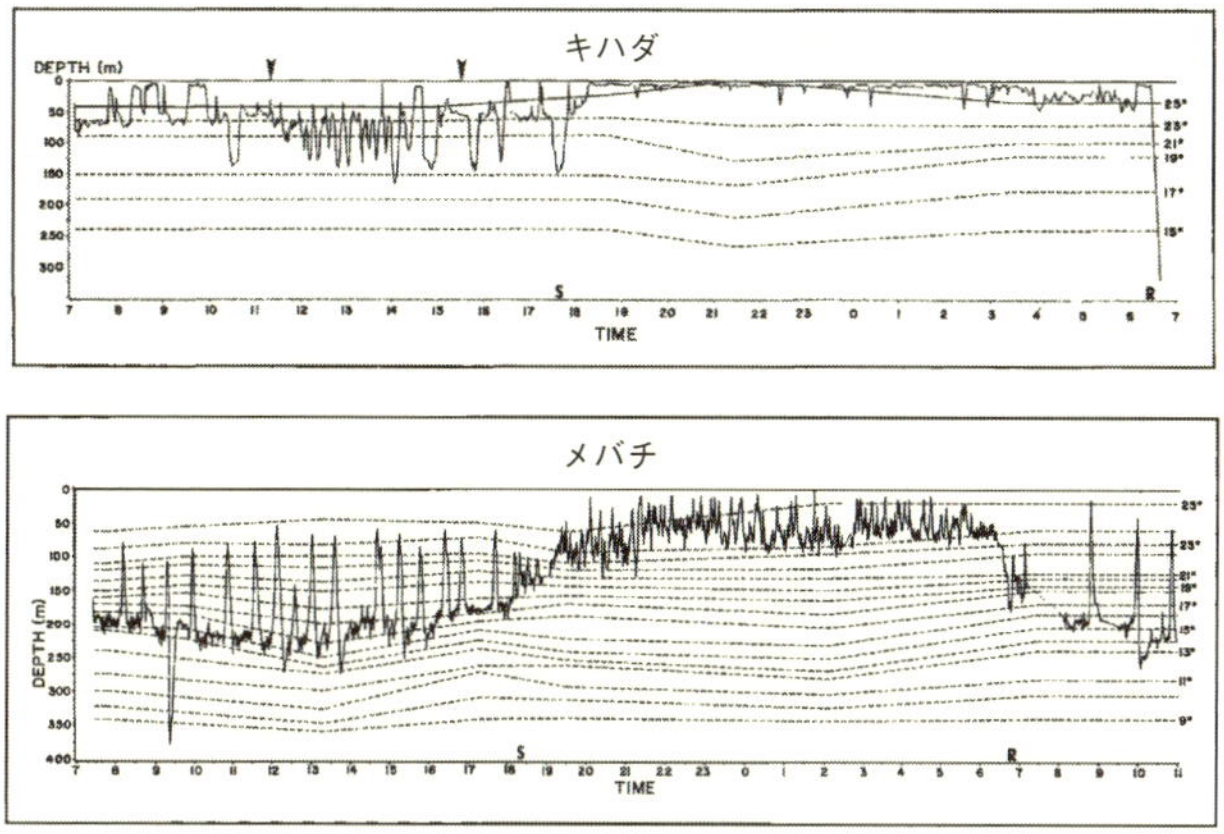

図 1-34　ピンガー調査の具体例（ホランドら 1990）

ピンガー調査の具体例

アメリカハワイの研究所が漁業で使う集魚装置（ＦＡＤ）の周辺に集まっているキハダとメバチに超音波発信機ピンガーを装着し行動を観察した結果によると、キハダは夜間は海洋表層近くに滞留し、明るくなると深いところに移動する傾向があった。キハダが生息していた夜間の平均深度は四七メートルであり、昼間の平均水深は七一メートルであった。

メバチの昼間の生息水深はキハダより明らかに深かった。メバチは昼間には二二〇～二四〇メートルの水深にいることが多く、夜間は七〇～九〇メートルの水深にいることが多かった。

本調査中に観察されたキハダの遊泳速度は

時速四・五キロであり人間の歩く速度に近いスピードであった。一日の行動パターンをみるとメバチは一定のリズムで深浅移動を繰り返しているのが観察されたが、これは深海で冷えた体温を上昇させるための、体温の調節行動と考えられた。

またキハダで深浅移動の際に、浮上よりも潜水に長い時間がかかる「フライ・グライド行動」が観察された。マグロは海水より重く動かないでいると沈んでいくが、潜水するときにヒレを使い、グライダーのように滑空することによって遊泳に使うためのエネルギーを節約する行動であると考えられた。

7、マグロの能力

マグロの高速遊泳力

海の魚には広く回遊するマグロのような魚とカレイなどのように海底にへばりつくようにあまり移動しない魚がいる。

高速で泳ぎ回る魚の筋肉は赤身で、逆にあまり運動しない魚の筋肉が白身であることはよく知られている。もちろんマグロは赤身魚の代表である。この赤い筋肉と白い筋肉は人間にもあり、白い筋肉は短距離選手の瞬発力、赤い筋肉はマラソンランナーなどの持続力の源となっている。

マグロの肉をみると血合と呼ばれる筋肉が発達していることがわかる。心臓の働きを調べる心電図のように、筋電図という装置でマグロの筋肉の働きを調べると、ふつうの速さで遊泳しているときは普通筋はほとんど働かず、主に血合筋の働きにより遊泳していることがわかった。

血合筋は収縮が緩慢であるが持続性があり、時速二〇～三〇キロの巡航速度での遊泳に用いられている。これに対し普通筋は収縮が敏感であるが疲労しやすい。餌を追いかけたり敵から身を守るために逃げたりするときの瞬発的な運動をするときは、普通筋と血合筋を同時に使っていることもわかった。

血合筋はわれわれ人間を含む哺乳動物の赤筋に相当し、普通筋は白筋に相当する。

またマグロの紡錘形の体は流水の抵抗を少なくし、毎時二〇～三〇キロの高速遊泳を可能にしているとされている。つまりマグロは高速で持続的に泳ぐことができるのである。

マグロの体温調節能力

われわれ人間は環境温度に関係なく一定の体温を維持する恒温動物である。一方、マグ口を含む魚類やカエル、サンショウウオなどは環境温度により体温が変動する変温動物である。

ところがマグロやカツオ類は水温よりも高い体温を保っていることが知られている。魚類はエラで呼吸する。動きの緩やかな魚では、口からポンプ状に水を送り込んで呼吸を行うが、高速遊泳をする魚類ではラム換水という方法で水を交換する。ラム換水とは、口とエラぶたを開いたまま高速遊泳をすることでエラに水を通し、エラでのガス交換を効率的に行う方法である。

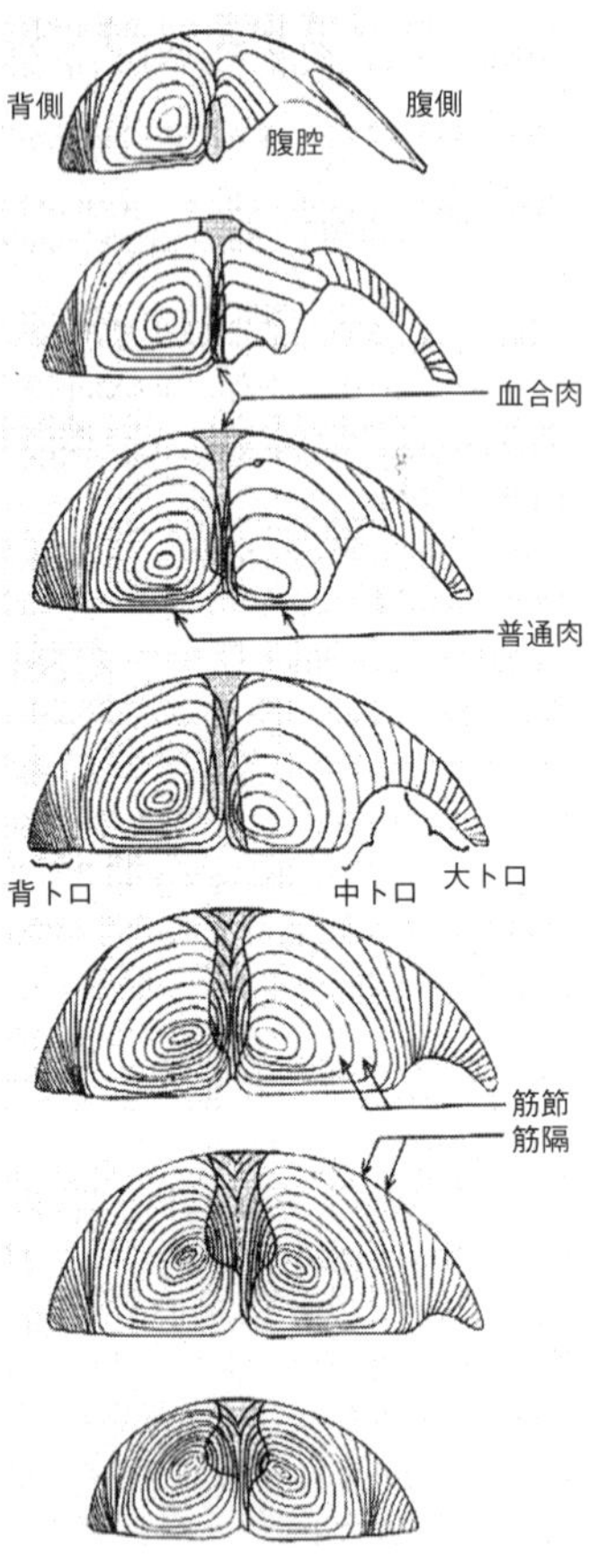

図 1-35　血合筋の分布図（小野征一郎編『マグロの科学』成山堂書店より）

カツオやマグロ類では呼吸はラム換水が主体である。そのため、泳ぎを止めると窒息してしまう。また体の比重は海水より重いのでじっとしていると沈んでしまう。水中で体が沈まないようにするためには、最低時速約一・五キロで泳いでいる必要がある。このためたえず血合筋が運動するのでそのために酸素が消費されている。マグロは終始口を開けて泳ぐことによって水中から酸素を取り込んでいる。

ラム換水には副作用もある。エラを効率よく水が通り抜けるということは、血液中に酸素を供給するとともにその体温を奪うことになる。つまり、高速遊泳を行っていると、体表面から体温が奪われるばかりでなく、エラからは血液の温度が奪われていく。一方、遊泳時には筋肉で熱が発生する。つまり、体内に熱の不均衡が生じる。

体温を保つ秘密は血合と奇網

カツオ・マグロ類はこのような体温の不均衡が起きないように体温を調整する仕組みも持っている。エラで冷えた血液を筋肉で温め、血流を通じて効率よく体温を保つのである。この働きは、血合肉と呼ばれる筋肉組織と、そのまわりにある奇網《きもう》という血管組織で行われている。

エラでの酸素・二酸化炭素のガス交換と、血合・奇網での熱交換は、対向流という同じ仕組みに基づいている。エラには数多くのひだがあり、ガス交換の表面積を広げているが、さらに、それぞれのひだで水流と向かい合う方向に血液が流れ、ガス交換の効率を上げている。

一方、血合肉に隣接する奇網では、エラから流れてきた外水温と同温度の動脈血と、血合から流れ出る静脈血が対向流で効率よく熱を交換し、血流によって運ばれた温かい血液は全身の体温を保つのに役立っている。といってもほ乳類のように一定の体温に保たれているわけではない。また高体温には体が大きいことや脂肪の蓄積も影響している。

血合・奇網の熱交換システムは、マグロ類の体温を外水温より高い値に保つ役割がある。このことは、代謝を維持して長時間の高速遊泳を可能にし、生息域を広げるためにも役立っている。カツオやクロマグロは北海道周辺などの低温域までやってくる。また、マグロ類はかなり深く潜水することが知られているが、深海域は表層より低水温である。温帯域のマグロが低水温の中で生きられるのはこの機能を有しているからである。

マグロに温度センサーのついた自記記録式の標識を装着し（50ページ参照）、環境水温と体温を測定した実験が行われた。マグロは放流後、水温一六度の表層から水温五度の深層にいっきにダイブしたが、体温（腹中温度）は二一度から一八度までしか下がらず、マグロが環境水温より高い体温を保っていることが証明された。

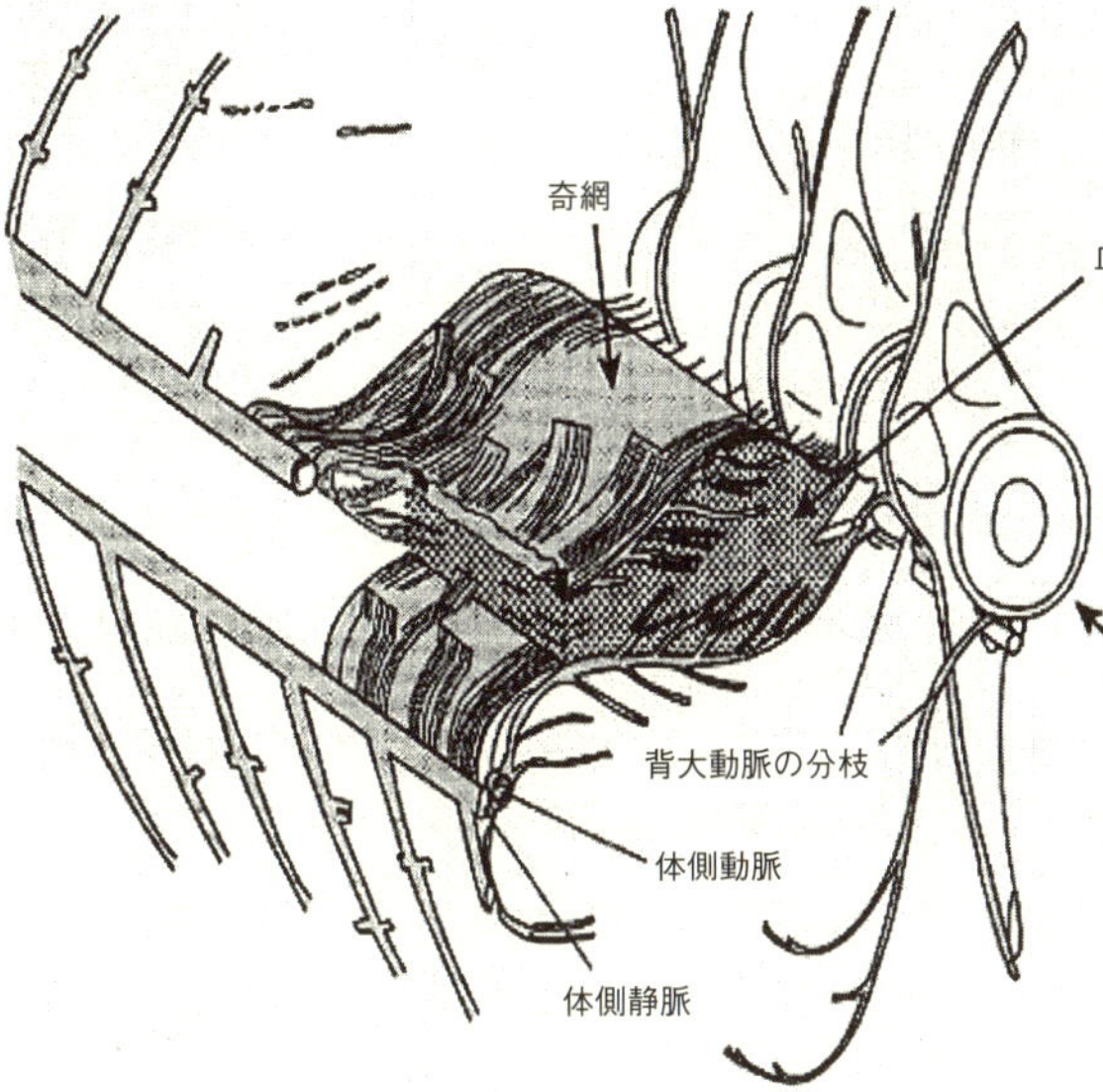

図 1-36　体温を保つ秘密は血合と奇網。（阿部宏喜著『カツオ・マグロのひみつ』恒星社厚生閣より）

カツオ・マグロ類では、血合・奇網の熱交換システムにつながる血管が、体の表面を体軸に沿って縦に走っている。この状態は、魚類全体の中でも珍しい。カツオ・マグロ類の筋肉系・血管系は他の魚類とはかなり変わっているのは確かである。

さらにクロマグロやビンナガなどの温帯性マグロの肝臓にはキハダなどの熱帯性マグロの肝臓に比べて表面の毛細血管が発達している。これも環境水温影響を受けて内臓の温度を下げないようにする仕組みである。

マグロの視力・聴力

マグロは海の表層から光が届かないと考えられるような深層まで生息する。マグロの目の組織の解剖学的な観察では表層から深層までの幅広い明るさでものがみえる視力を持っていると考えられた。

マグロの中で最も生息水深が深いメバチは網膜にタペータムという組織があって釣り上げた直後に眼が光る。このタペータムというのはネコや夜行性の動物の眼にある反射鏡のように光を集める組織である。

同じように解剖学的な観察より求められたマグロやカツオ類の視力は０・３から０・５であり、他の魚類に比べてかなりいい。この高い視力から物の形の識別能力はかなりいいとされるが、形態視覚よりも運動視覚のほうが優れているとされている。つまり動態視力がいいわけだ。

また色に関してはマグロは深海の生活に適した視覚を持っている一方で明るい表層の生活に有利な色覚を欠いているとされている。つまりマグロは色盲である。ただし完全なる色盲ではなく、青緑の波長に関する感度はあるが、赤光に対する感度は極めて低い。

マグロには赤色は黒っぽく見えるようだ。マグロはコントラストに対する識別能力も高く、ダイバーが見えるものより遠くの物を見分けることができるといわれている。

聴覚についてマグロ類は、他の魚より低周波の音に感度がよいとされている。

また魚類は一般に体側に沿って側線と呼ばれる感覚器官が発達している。これは水中の振動などを感じることができる器官であり、隣の魚の遊泳行動などを感じ取り群れを作るときなどに役立っている。マグロの側線についても隣で遊泳するマグロを感じ取り、群れ形成に役立つことがわかっている。

マグロの回帰本能

動物がその巣穴に帰るための本能を帰巣本能といいアリやミツバチなどの例が有名である。世の亭主族が通勤帰りに軽く一杯のつもりが杯を重ねへべれけになりながらもなんとか帰宅するのも帰巣本能のなせる業である。

マグロには巣などもちろんないのだが、ここで問題にしたいのは産卵期に成熟したオスメスが産卵場にもどる回帰本能についてである。

この回帰本能については自分が生まれた河川にもどるサケが有名である。マグロも特にクロマグロやミナミマグロは他のマグロに比べて産卵海域が狭く、太平洋のクロマグロは沖縄から台湾沖の海域、ミナミマグロはジャワ島沖の海域である。クロマグロでは太平洋を渡り、メキシコ沿岸まで行ったマグロが成長して日本近海へ戻り、ついには産卵場である沖縄近海に帰っていく。

ここに成熟したマグロのオスメスが回帰し、オスはメスを見つけて求愛行動である追尾行動を起こし、メスの放卵、オスの放精が起こり次世代の卵の受精が完了する。

しかし、この海域でふ化した仔魚はわずか三ミリの大きさしかない。この三ミリの仔魚が生まれた海の記憶を二メートル超、三〇〇キロを超す魚体になるまで保ち続けるのだろうか。

残念ながらこの仕組み、メカニズムについてはいまだ解明されていない。しかし三ミリの仔魚が三〇〇キロ超に育って生まれた海に戻ってくる能力は、やはりマグロの特筆すべき能力である。

8、マグロの食べ物

仔魚の食性

魚がなにをいつ、どのくらい食べるか、など魚の餌に関する好みを生態学用語で食性という。マグロは極小の卵で生み出され、ふ化直後は体についている卵黄の栄養を吸収して成長する。ふ化後二、三日して卵黄の栄養を吸収しつくすころには遊泳が可能になる。このころマグロの仔魚は三ミリくらいの大きさで餌は動物プランクトンであるコペポーダの幼生ノープリウスである。

成長して体長が五ミリを超えることになると遊泳力も増して餌を大型のコペポーダに変えるようである。小さな餌をたくさん食べるよりも、一回のチャンスでより多くの栄養を摂取できる大きな餌をとるように行動を変化させていくのである。また仔魚が餌を食べるのはもっぱら日中であり、夜間は休止する。魚類の仔魚期においては、ヒレや筋肉の発達が運動能力や摂餌能力の向上に大きく反映される。五ミリを境に仔魚の食性が大きく変わったのは、このことによるものと考えられる。

さらに成長し遊泳力も増すと魚類の仔魚を襲って食べるようになる。同じ種類のマグロや他の種類のマグロを食べることが知られている。いわゆる共食いである。マグロは非常にたくさんの卵を産み、その仔魚の成長は早い、産卵時期やふ化の時期が少しでもずれていれば、まだ遊泳力を持たず、外敵に対して無力な仔魚に対し、近くに成長した同じマグロの獰猛な仔魚がいるという状況が出現するのである。マグロの生存競争は仔魚の時代から始まっている。

熱帯マグロの食性

マグロの食性については機会捕食者（オポチュニスチック・フィーダー）であるとよくいわれている。機会捕食者とは、遭遇した餌で利用できるものは何でも食べるという意味である。たしかにマグロの食性を調べた論文をみると広い範囲の餌を利用していることがわかる。ただし、マグロは種類により生息海域が違うし、大きさによっても利用できる餌の種類が変わる。キハダとメバチで比較するとキハダはより表層近くの生物を餌として食べる、メバチは中深層性の生物を多く食する傾向があるようである。

ハワイ沖でイルカ類と群を作っているキハダの食性について調べたところ、キハダはイルカ類とよく似た食性を示すものの、完全に同じというわけではなく、遊泳性のカニはキハダのみが食べていた。キハダは表層性の魚類を食べるがイルカ類の一部は食べず、表層性のイカと中深層性の魚類はキハダもイルカ類も捕食し、中深層性のイカはイルカ類が多く捕食するがキハダは捕食しない傾向にあった。

ハワイ沖のキハダ幼魚では、小型魚はシャコ類・十脚甲殻類の幼生を主体に表層の浮遊性の生物を捕食するが、体長四五～五〇センチで食性が急速に変化し、硬骨魚及び垂直移動をする中深層性のオキヒオドシエビの成体が主体となる。キハダでは捕食には嗅覚も大きく関連すると考えられている。

仏領ポリネシアでの調査では九〇センチ以下のメバチでは主としてイカを捕食し、それより大型の個体では魚類を多く捕食しているのに対し、キハダの九〇センチ以下の個体ではイカよりも魚類を主に食べており、甲殻類の捕食量もかなりの割合となる。メバチとキハダを体重階級ごとに比較すると、すべての階級で捕食物のサイズがメバチのほうが大きい。メバチはキハダより大きな鉛直運動を行い、キハダが表層で主に捕食するのと比べて中深層で捕食すると考えられている。中深層のイカをよく捕食するのではないかとも考えられている。

温帯マグロの食性

温帯マグロであるクロマグロやミナミマグロは他のマグロと同様に成長による体の大き

さの変化により、利用する餌の種類が変わる。これらのマグロが他のマグロ類と大きく異なるのは、生活史の一時期を沿岸で過ごす点である。そのために沿岸に出現する生物をよく食べている。

クロマグロの食性

アメリカ東部沿岸のニューイングランド沖の大西洋クロマグロの餌について、興味深い報告がある。この海域の大西洋クロマグロにとっては、イカナゴ、ニシン、サバ、イカ類、blue fish が重要な餌生物であった。調査を行った多くの海域でクロマグロの餌は一、二種類の餌生物が卓越して利用され、後は多くの種類の生物が少量利用されていた。

ケープコッド湾では水深が二五メートルと浅かったせいか、クロマグロは遊泳性の餌だけではなく海底に生息する小さなカニや海底に固着している海綿などの底生の餌生物も餌として利用していた。クロマグロはほかにもタラ類、タツノオトシゴ類、大型のカジカの仲間、アブラツノザメ、カスベ、カスベの卵殻、ロブスター、イチョウガニの仲間、タコブネ、サルパ、カイメン類など、表層、中層のみならず海底の生物まで何でも食べていた。クロマグロの年齢によっても食べる餌の種類が変わり、〇～一歳ではイカ類とサバを多く捕食し、二～四歳ではイカナゴやニシンを主要な餌として利用していた。

ミナミマグロの食性

ミナミマグロの食性について調べたところ、沿岸ではアジやハチビキの仲間などの魚類やスルメイカなどの幼体を中心に捕食していたが、沖合ではその海域に生息する生物の多様性を反映してさまざまな餌を利用していた。ミナミマグロの成長に重要なオーストラリア沿岸では魚類やエビやオキアミなどの甲殻類が餌として重要であったが、亜寒帯の冷たい海域ではより多くのイカ類を捕食していた。

ミナミマグロでは沖合で獲れたマグロよりも沿岸で獲れたマグロのほうが明らかにたくさんの餌を食べていることがわかった。この事実によりオーストラリア沿岸がミナミマグロ幼魚の成長に関して重要な海域であることを示していた。

ビンナガの食性

ビスケー湾沖で行われたビンナガ幼魚の調査では、時刻ごとに餌生物が変化し、朝六時ごろから夜八時ごろはハダカエソ科魚類を捕食し、夜七時から一〇時半くらいの夜間の早い時間はイカを捕食し、夜の八時半から朝の四時半ごろまではキュウリエソや甲殻類をよく食べていた。大西洋に生息するサンマに似たハシナガサンマは終日食べられていた。

一方、太平洋で行われた黒潮と親潮のぶつかる三陸沖の調査では、ビンナガ成魚はタコ

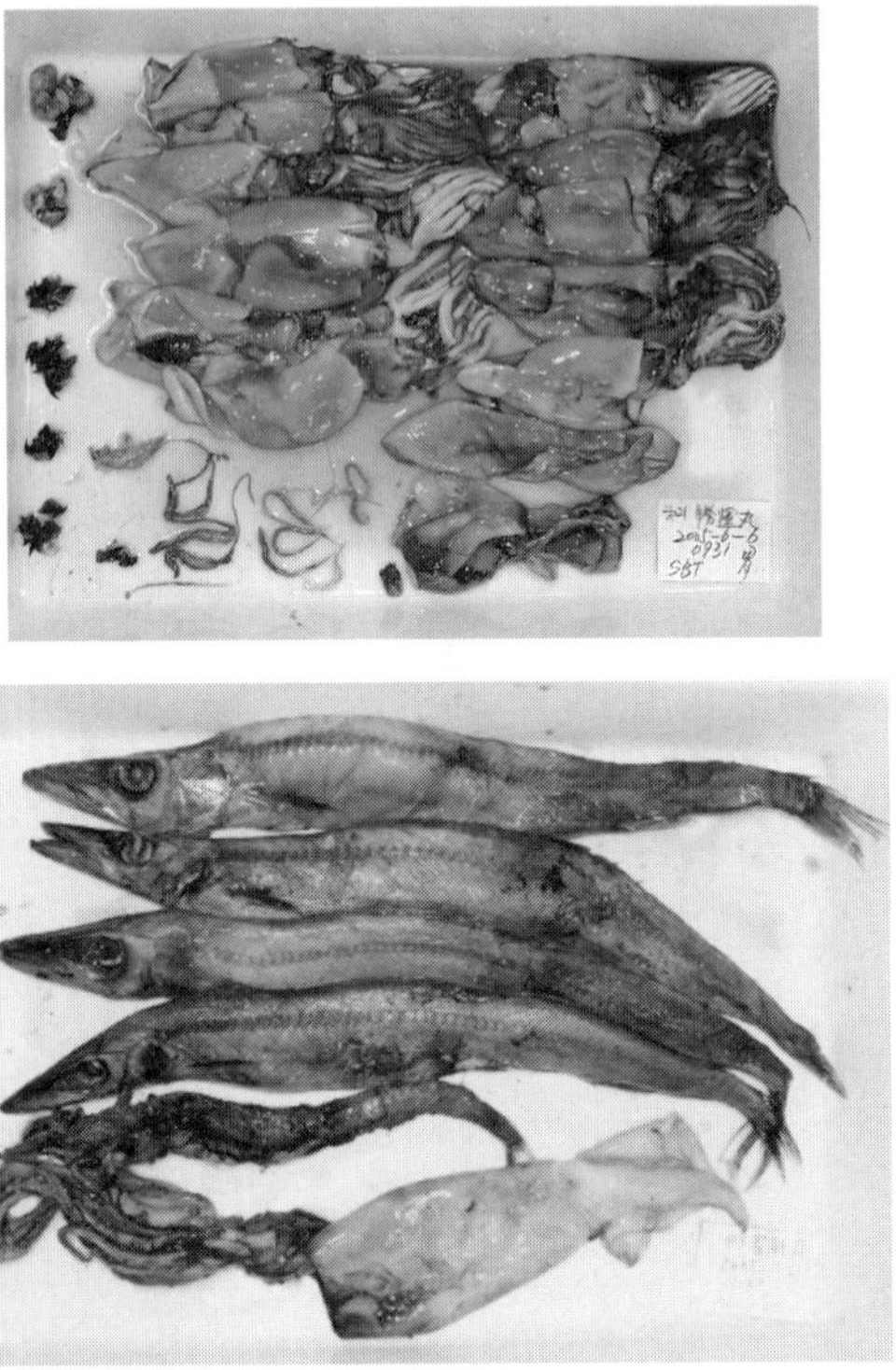

図1-36　ミナミマグロの食性
上：イカ類、中：ハダカエソ

図 1-37　ミナミマグロの食性
ミナミオキメダイ

イカというイカの仲間とカタクチイワシを最も多く食べていた。それ以外にもオキアミや動物プランクトン、イカ類や魚類が捕食されていたが、タコイカとカタクチイワシに比べるとごくわずかであった。

9、マグロの遺伝学

食品偽装マグロ

マグロは種間でその形態がよく似ているため、素人には判別が難しい、さらに魚体が大きいので四つ割りのロインや冷凍ブロックで流通するため、種類を特定するのが困難な場合が多い。また最近は各漁業管理機関での規制が厳しくなったので種類や産地を偽って規制逃れをするマグロのロンダリングも起きている。最初は研究上の必要からＤＮＡを使用した種の判別法が開発されたが、最近はマグロのロンダリングや違法取引の監視、摘発のためにも使用されている。

決め手はPCR-RFLP法

この方法は単にＰＣＲ法とも呼ばれている。簡単に説明すると、輸入されたマグロの冷凍ブロックやロインから筋肉の断片を採取する。この断片からＤＮＡを抽出し、ＤＮＡのコピーを多数作成する（ＲＣＲ法）。できあがったどろどろの液体に制限酵素を加え、種特異的なＤＮＡの断片に切断する（ＲＦＬＰ法）。切断するといっても小さなチューブのなかで酵素反応がおきているだけなので、人間の目には見えない。最後に電気泳動法を行ってこのチューブのなかにどのようなＤＮＡの断片が入っているかを可視化するのである。

電気泳動法とはサンプルに入っている特異的なＤＮＡの断片の存在を確認する方法である。具体的には、最初に寒天の上にサンプルを載せる。この寒天の両端にプラスとマイナスの電極をつけ電気を流す。ＤＮＡの断片は電気の流れに沿って移動するが、その種類により時間あたりの移動距離が違うのである。この違いを可視化するために電気泳動後に染色液に入れ、調べたいＤＮＡの位置を確認することができる。

　マグロ属魚類の種類判別のための方法は日本で開発された。現在では日本だけではなくオーストラリアやニュージーランドでも使用されている。

マグロ産地の判別法

　マグロの産地の判別について、太平洋と大西洋のクロマグロについてはこのＤＮＡ断片の出現パターンにはっきりとした違いがあるため個体レベルでの産地判別が可能である。メバチについては大西洋とインド洋、太平洋とで違いがあり、ロットレベルで大西洋産のメバチかそれ以外の海域で獲られたものかの区別が可能である。

　クロマグロやメバチで見られた大洋間の差はキハダ、ビンナガ、ミナミマグロでは見つかっていないので、この三種についての産地判別はできない。

第2章　食べ物としてのマグロ

1、マグロの栄養学

魚食のすすめ

戦後、日本人のたんぱく質などの栄養の不足を補うために肉食や牛乳の利用などが普及してきた。しかし西欧型の食生活の普及によりそれまであまり日本になじみのなかった生活習慣病が蔓延するようになった。一方、西欧では健康志向が高まり東洋の食生活が注目された、その流れの中で日本食にも注目が集まり、とくに魚食の栄養学的な良さが宣伝された。ここではこのような観点からマグロに含まれる栄養について紹介したい。

赤身は高たんぱく、低カロリー

生鮮食品の中でたんぱく質の含有量が多いのは魚肉である。畜肉は脂肪の含有量が多い。鳥のささ身は脂肪が少なく、たんぱく質の含有量が多いが、魚肉はそれよりさらにたんぱく質の含有量が多く、マグロの赤身、ビンナガ、カツオの肉でたんぱく質は一〇〇グラムあたり平均二六グラムも含まれている。この意味からもマグロの赤身は高たんぱく、低カロリーの健康食である。さらに魚のたんぱく質は栄養素として優秀なだけでなく、高血圧が改善され、脳卒中になりにくいという実験結果がある。

またマグロの血合肉中には高血圧の予防効果のあるタウリンも含まれている。さらにタウリンにはコレステロールの代謝促進や肝臓強化に優れた効果を発揮する。またタウリンには交感神経の高ぶりを抑える作用もある。

マグロの脂質

畜肉と魚肉ではそのたんぱく質の栄養価は同じであるが、いっしょに取り込む脂肪の質に違いがある。動物の脂、植物油、魚油とそれぞれの物性や生理機能に特徴がある。魚の脂にはＤＨＡ（ドコサヘキサエン酸）やＥＰＡ（エイコサペンタエン酸）が豊富に含まれている。

ＤＨＡは血液中の中性脂肪や悪玉コレステロールを減らし、善玉コレステロールを増やす働きがある。また脳の神経機能を高めて、脳の老化を予防する働きもある。記憶力や学習能力の向上、ボケの予防に役立つ。

　ＥＰＡは血小板の凝固を防ぐ働きや血栓を溶かす働き、血液中の中性脂肪を減らす働きがある。血流を促進する働きで、脳血栓や脳梗塞の予防、また高脂血症や高血圧の改善に役立つといわれている。

　これらの脂質はトロなどの脂身に主に含まれている。また目玉の後ろ側にはたくさんの脂身がついており、このため「マグロの目玉を食べると頭が良くなる」と一時宣伝され、マグロの目玉が販売されていた。

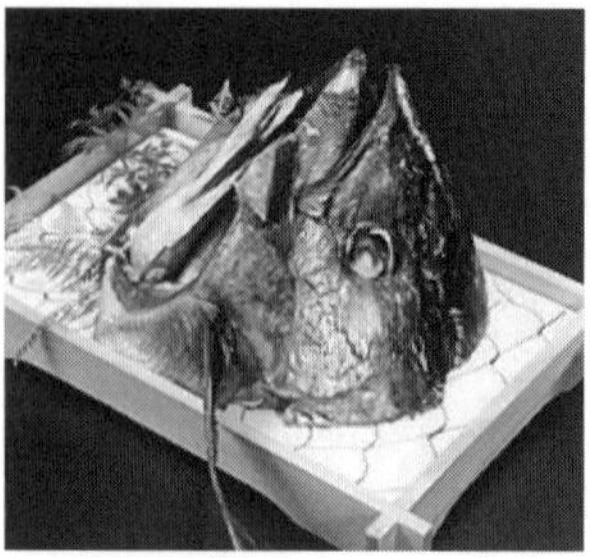
図2-1　マグロの兜焼き
（http://www.kibousoh.or.jp/t_0501_danshin.htm（協）三重県勤労福祉センター 希望荘）

無機質・ビタミン

　マグロにはビタミンＢやビタミンＤ、ビタミンＥが含まれている。また無機質としてヘム鉄、銅、セレン、亜鉛、カリウムなどが含まれている。マグロの赤身に多く含まれる鉄分には貧血の予防、解消の効果がある。またビタミンＥには血行をよくする作用があり、美肌作り・肩こり・腰痛に効果がある。

セレンは、脂肪の酸化や過酸化脂質の生成を防ぐとともに、血管の老化予防をするビタミンEとともに過酸化脂質を分解する。また、ガンの発生・転移を抑え、狭心症や心筋梗塞の予防にも役立つといわれている。

亜鉛は、脱毛や肌荒れ、味覚障害に効果があるといわれている。またマグロに含まれるカリウムには体内の水分を正常に保ち、神経や筋肉の機能を助ける作用がある。

生活習慣病の予防効果

かつては高血圧、高脂血症、糖尿病、血栓性疾患、ガンは成人病と呼ばれていたが、近年はこれらの病気が生活習慣によって発病するので、生活習慣病と呼ばれるようになっている。魚食によってこれらの生活習慣病の発病率が下がり、予防効果があることは広く知られている。

高血圧の予防に効果

魚のたんぱく質には血圧の正常化作用があり、高血圧症では腎臓への負担を防ぐために、たんぱく質の食べすぎを避ける傾向があるが、魚のたんぱく質はむしろ高血圧の予防によい結果を示している。

また血合いに豊富に含まれるタウリンは血圧を正常化する働きがあることが知られている。最近の研究でタウリンには貧血予防、肝臓の解毒作用の強化、強心作用、不整脈の改善、血中コレステロールの減少効果、インスリンの分泌促進、視力の回復などの多様な機能が報告されている。またＤＨＡには血圧を低下させる作用があり、脳内の血管障害の予防効果もあるとされている。

心筋梗塞、脳梗塞の予防効果

心筋梗塞や脳梗塞は心臓や脳の血管が詰まることにより発症する病気である。以前は日本人には脳出血といって、脳の血管が破れる病気が多かったが、食事が欧米化することにより血管が詰まる血栓症が多発するようになった。

これは動物性脂肪の取り過ぎとリノール酸系の脂の取り過ぎによるものである。リノール酸は悪玉コレステロールであるＬＤＬコレステロールを下げ健康によいとされているが、リノレン酸とのバランスが悪いと血液を凝固するホルモンを多く生産するといわれている。

このリノレン酸とのバランスを正常化するためには、リノレン酸が生体内でＥＰＡやＤＨＡに変化することから、このＥＰＡやＤＨＡの豊富な魚介類を食べることが効果的であるとされている。

ＥＰＡやＤＨＡからは微量で作用するホルモン様の物質が精製され、これが血液の粘度を低くする作用を持つ。このため血液がサラサラになるのである。また赤血球変形能促進作用で、心筋梗塞や脳梗塞の予防と治療に効果があるとされている。

ＥＰＡの心筋梗塞予防作用について発見したのはデンマークの学者である。かれらはグリーンランドのイヌイットの村では心筋梗塞による死亡率がデンマーク本土に比べて低いことに注目し疫学的調査を行った。そしてイヌイットがＥＰＡ、ＤＨＡの豊富な魚介類やアザラシの肉を食べていることを発見した。

この研究の後で日本でも、魚をよく食べる漁村と、あまり食べない農村とで血栓症疾患の発症率について比較研究が行われ、やはり漁村での発症率が低いことがわかっている。

ボケ防止効果について

老人性のボケは脳の血管障害によるものと、原因のはっきりしていないアルツハイマー型認知症がある。最近の研究では脳の栄養不足がこの病気に関係していることが示唆されている。アメリカにアルツハイマー型認知症の患者が多く日本に少ないのは、アメリカでは動物性脂肪の摂取や野菜や魚介類の不足など食生活習慣によるものといわれている。魚の脂肪に含まれるEPA、DHAは微小血管の内皮細胞を保護したり、炎症を抑える作用があるため、アルツハイマー型認知症の予防に効果があるとされている。

頭が良くなり、情緒安定効果も

DHAの学習能力にあたえる影響について興味深い実験が行われている。実験用のネズミを使い、DHAを餌にまぜて与えたグループと与えないグループで学習効果についての実験を行った。

電気がついて明るくなったときにレバーを押すと餌が与えられる装置で、DHAを与えたネズミはすぐに学習し、明るくなったときだけレバーを押した。ふつうの餌のネズミは明るくても暗くても、やみくもにレバーを押し続けた。これでDHAを与えたネズミはふつうのネズミより学習能力や判断力に優れていることがわかった。

一九八〇年代の終わりにイギリスの研究者が子供の知能の高さと魚食の関係に注目したのが、DHA人気の引き金になった。脂身の混じったトロの部分にはDHAも多いので、食味だけでなく健康面でも体によい。

最近の研究はDHAの精神に与える影響についても調べている。富山医科薬科大学（現富山大学）で行われた研究では、大学生を二つのグループに分け、DHAを与えたグループと与えないグループで敵意性について比較している。実験中に大学の試験があり、ＤＨＡを与えないグループでは敵意性が増大したが、ＤＨＡを与えたグループでは変化がなかった。このことからＤＨＡには情緒安定効果があり、キレにくくなることがわかった。

2、日本人はどれくらい昔からマグロを食べていたのか

縄文人とマグロ

古代の日本人が何を食べていたのか、そのためには貝塚などの遺跡の出土品を調査するのが一般的である。

およそ六〇〇〇年前の縄文中期の貝塚からマグロの骨が発見され、獣の骨や角で作った漁具、銛の先端の部分である銛頭《もりがしら》や釣り鉤が発見された。これらの証拠から、この時期から古代日本人がマグロを食料の一部として利用していたことが明らかとなった。

貝塚で発見されたマグロの骨は解剖学的な調査から、そのほとんどがクロマグロであると考えられた。マグロは銛による漁獲の他に、大型の骨格製釣り鉤を用いた一本釣や、地形を利用した追い込み漁などでも漁獲されただろう。

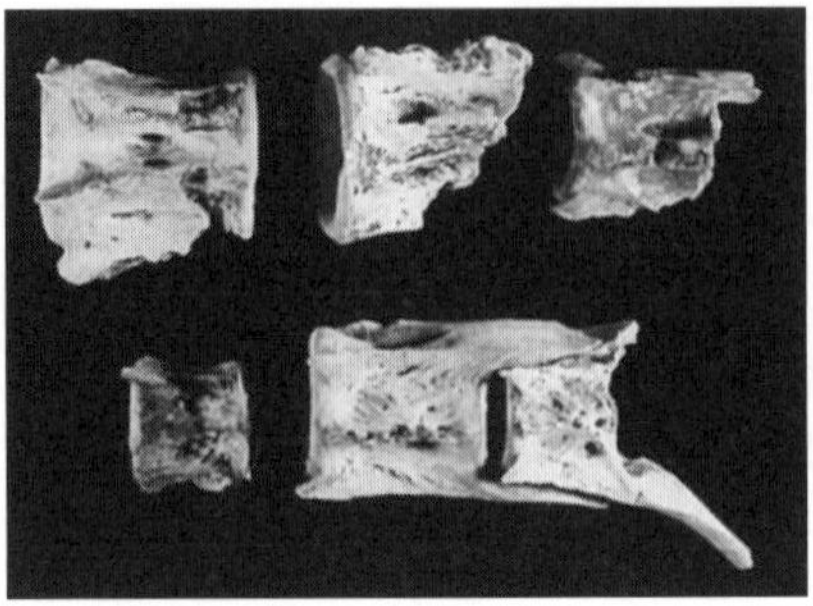

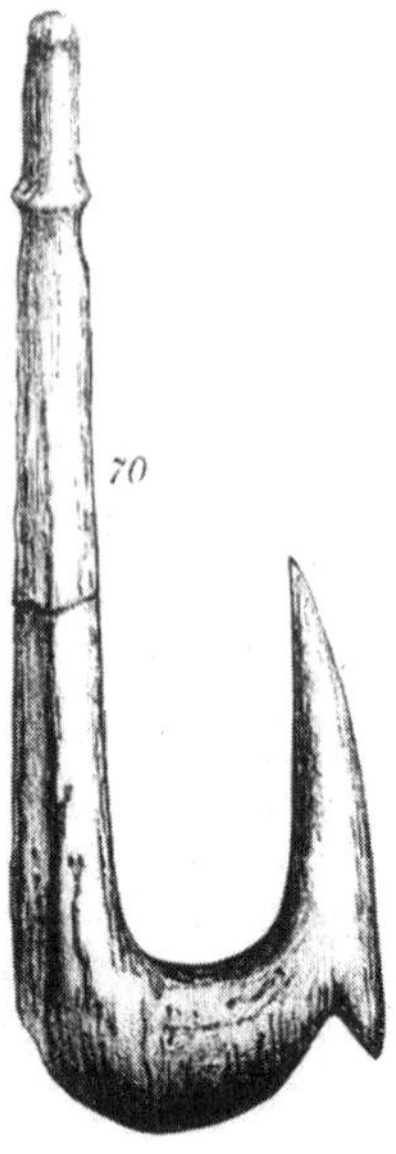

図 2-2　古代の遺跡から発掘されたマグロの骨や漁具
右：釣り鉤（Kishinouye 1911）、上：マグロの脊椎骨

万葉集とマグロ

その後の有史時代のマグロ漁としては、七、八世紀に編纂された万葉集にマグロの銛漁や釣漁に関する歌が収められており、これらの漁法は引き続き存在していたようである。この『万葉集』の歌を引用してみよう。

やすみしし　我が大君の　神なが
ら　高知らせる　印南野の　大海《おふみ》
の原の　あらたへの　藤井の浦に
　鮪《しび》釣ると　海人《あま》船騒ぎ　塩焼く
と　人そさはにある　浦を良み
うべも釣はす　浜を良み　うべも
塩焼く　あり通ひ　見《め》さくも著《しる》し

清き白浜
（山部赤人　万葉集　巻六　九三八）

意味）わが大君が神として立派にお治めになる印南野の大海の原の、藤井の浦に、鮪を釣ろうとして漁師の舟はせわしなく動きみだれ、塩を焼こうとして人が満ちている。浦が豊かなので釣りをするのももっともなこと、浜がよいので塩を焼くのももっともなこと。たびたび通われご覧になるわけもはっきりしている。この清い白浜よ。

鮪《しび》突くと　海人の燭《とも》せる　いざり火の　ほにか出でなむ　我が下思《したも》ひを
（大伴家持　万葉集　巻一九　四二一八）

意味）鮪を突くとて海人が灯している漁り火のように、表に出してしまおうか、私の秘めた心を。

マグロは、古くはシビと呼ばれ、あるいは今も関西地方で広く使われるハツという呼び名でも呼ばれた。『古事記』『日本書紀』『万葉集』には「鮪」の文字があり、その読み方をシビ（滋寐）としてある。マグロはこの国では古くからずっとシビと呼ばれてきたのである。ただし、なぜシビと呼ぶのか、シビとはどういう意味なのかはよく知られていない。

真っ黒でマグロ

マグロという呼び名は、江戸時代も中ごろになって初めて文献に登場する。マグロは江戸を中心とする関東の方言で「目黒」つまり目が黒いからマグロだといっている。一説にはその背色が黒いことから「まっくろ」の言葉が転じて「マグロ」になったといわれている。この名前の普及によりシビという名前が払拭され、マグロ食の普及に一役買ったと考えられる。

その他の呼び名として、江戸時代に関西方言として「ハツ」という呼称が記録に出てくるが、これは初物のハツが、そのままマグロの呼び名として定着したといわれている。江戸時代末期から明治になると、マグロのすしを指してヅケと呼びならわすようになり、やがてそのヅケがマグロそのものの呼び名とされるようになった。

もともとは、保存の目的でマグロをしょう油に漬けたことから発した呼び名であり、にぎりずしの隆盛がもたらした呼び名であった。

普及したのは江戸時代から

マグロがふつうに食べられ始めたのは江戸の後期からで、定置網漁が普及したために安価に大量に出回るようになった。塩マグロが主流だったが、生身をしょう油漬けにする「づけ」が生まれたのもこの時代である。この方法で保存性を高め、においを抑えた。

それでも好まれたのは赤身であり、脂の強いトロは「げす」の食べ物とさげすまれた。当時は現代のように冷蔵、冷凍設備がなく、脂の多いトロは傷みやすいためもあったのだろう。

このトロの不人気は昭和初期でも続いていたようである。昭和初期マグロのトロはねぎと煮て「ねぎま」という鍋物にして寒い時分にお金のない東京の学生に食べられていたという話がある。

マグロが高級魚として扱われるようになったのは冷凍冷蔵設備が普及した戦後のことで、日本人の食性が欧米化し舌が脂っこいものを好むようになった昭和三〇年代以降からトロがもてはやされるようになったのである。

3、日本のマグロ利用史

江戸時代は塩マグロ

現代のマグロの食べ方は、ほとんどが生のまま刺身でいただくか、あるいはマグロステーキなど加熱して利用されることが多いが、かつては塩マグロ、乾燥マグロ、マグロ節、缶詰、魚肉ソーセージ、ビタミン剤原料、インスリン原料、肥料、マグロ油などの利用方法があった。これらの中には現在も同じように利用されている形態もあるが、ほとんどみられなくなったものもある。

塩マグロは、江戸期のマグロの利用方法としてはごく一般的であった。小型のマグロはエラと内臓を抜いて新巻鮭のように加工され、大型のマグロは三枚におろして切れ目を入れて塩漬けとされ、三陸では「塩片前《しおかたまえ》」あるいは単に「片前《かたまえ》」などと呼ばれた。

塩マグロは一九二〇年代までは年間数百トンから数千トンの生産量があり、山間農村部で需要があったが、一九三〇年代半ばからはほとんど生産されなくなった。縄文時代に大量のマグロ骨が見つかる場合、製塩設備も同時に発見される場合があるので、そのころから塩マグロがあったのかも知れない。

乾燥マグロとマグロ節

一九世紀半ばの地域物産を調べると乾燥マグロは鮪腊《しびほじし》などとしてあらわれる。これは現在房総地方などにある「たれ」や北海道の鮭トバのような、切り身を乾燥させた製品だろう。

マグロ節は主にマグロ類の幼魚を利用したが、戦前の南洋諸島で制作された万切節《まんぎりぶし》のように、成魚の切り身から作る例もある。マグロ節は現在でも製造されているが、万切節はおそらく製造されていない。

缶詰と魚肉ソーセージ

鮪缶詰の製造技術はアメリカから伝わり、戦前の一九二〇年代～一九三〇年代後半、あるいは戦後の一九五〇年代の重要な外貨獲得のための輸出品目であった。缶詰用途として、日本では元来賞味されていなかったビンナガが最も評価されるようになった。

魚肉ソーセージ類は戦前に開発されたときは市場に受け入れられなかったが、戦後に大きく消費が伸びた。第二次世界大戦開始前から軍用のビタミンA補助食品である肝油の原料としてマグロ内臓の需要が伸び、高値で取引されたが、現在は利用されていない。

その他の利用法

また、マグロ内臓はインスリン原料としても使用され、海外からのインスリン製剤の輸入が途絶えていた戦時中にマグロやカツオから抽出・製剤化されていた。

肥料・マグロ油は、積極的に作製していたというよりも、塩マグロの製造後の頭部などの残滓を利用したり、あるいは冷凍冷蔵設備や運輸設備の発達していない時代に、予期せぬマグロの大漁があった場合に作製されていた。そのような記録は青森県や石川県、富山県、長崎県にあり、明治期の長崎県の統計に大量のマグロ油が見られるのは、肥料とする魚糟《うおかす》を生産する際の副産物だろう。

魚糟は搾りかすであるとの誤解を受ける場合があるが、煮沸した魚から水分と油分を抜き取って、運送と長期保存を容易にした製品である。

冷蔵、冷凍設備の普及

マグロ類の利用方法の変遷を考える際に、冷蔵・冷凍設備は重要である。一九〇一年に鳥取県米子での天然氷を利用した冷蔵設備から始まって、一九二〇年代半ばころからは缶詰原料の冷凍鮪がアメリカに輸出されるようになった。

氷蔵のみでもマグロ類は七～八週間は生食が可能とされ、戦前は南洋諸島から神奈川県三崎まで氷蔵で運搬された例もあった。現代は近海マグロ漁で漁獲されたマグロを港まで氷蔵して運搬している。

マグロ類は通常の冷凍では色が変わるので冷凍には不向きとされていたが、戦後の一九六〇年代には超低温で冷凍したマグロが色変わりしないことが発見された。それまで遠洋はえ縄漁業はマグロを輸出向けの缶詰原料として世界の海で獲っていたが、この超低温冷凍技術の導入により、今日のように国内向けの刺身用マグロとして漁獲するようになった。この超低温冷凍技術導入は、マグロ漁船の操業を輸出向け原魚用から国内の生鮮食料用への大転換を引き起こした。

４、カツオの利用史

カツオの名前の由来

カツオについても書いてみよう。

江戸時代にはカツオは「勝魚」とも表されたので庶民だけでなく、武家のあいだでも縁起の良い魚として好まれた。カツオは刀装具のデザインとしても用いられている。また

「松魚」とも書かれたが、これはカツオ節の質感が樹脂を含んだ松材の赤身に似ているからであるという。

またカツオの縞模様は着物のデザインにも取り入れられた。江戸時代に作られた縞模様の着物で鰹縞《かつおじま》で染められているものがある。藍で染めた松坂木綿の中で、やや太めで濃淡のグラデーションになっているものがそれである。

その昔、平安時代にはカツオは生食されることはなく、乾燥したものを食べていたので、カツオは「堅魚」と表された。カタウオが短縮されてカツオになったわけだ。これなどはカツオ節のイメージに近い表現である。

図 2-3　鰹縞の着物
（http://www.rakuten.co.jp/kimono-raku/496033/739055/きもの楽 HP）

カツオ節は戦国時代から

カツオ節は、戦国時代に当時の侍の兵糧としてすでに用いられていた。カツオは日干ししても塩漬けでもその脂により酸化してしまうので、長期保存が難しかったが、試行錯誤を繰り返し保存方法としてのカツオ節を開発したと考えられる。

現在のようにカツオをいぶす方法が考案されたのは、江戸時代初期に紀州出身の二代目甚太郎という人が土佐の宇佐浦で始めたのが最初だという。さらにその一〇〇年後、土佐の与一がこれを改良し「カビ付け」をほどこして安房や伊豆に伝えたといわれている。

現在行われているカビ付け法が考案されたのは一六七三〜八一年の延宝年間ごろともいわれている。

これは土佐と薩摩の業者がカツオ節を大阪に送るときにカビがついてしまうが、そのカビの中にも良いカビと悪いカビがあり、良いカビをつけて十分乾かせば悪いカビを防げるとわかり、以後カビつけしたカツオ節が主流になった。さらに大阪から江戸へ輸送する途中でまたカビがふくが、カビを何度もふきとったカツオ節はうま味が増すことがわかり、「本枯節」が普及した。

図 2-4　カツオ節は戦国時代から
（http://www.fushitaka.com/index.html 築地仲卸伏高 HP）

カツオ節の作り方

カツオ節は古来より調味料として日本人に使われてきたが、カツオ以外にもサバ、ソウダガツオ、イワシ、マグロなどが節を作る材料として使われ、サバ節、イワシ節などとよばれ雑節、削り節として利用されている。

カツオ節の作り方としては、頭、内臓、はらも（お腹の肉）を除き、三枚におろす。この三枚に下ろした身をさらに背肉と腹肉に切り分ける。節になった時点で、背肉のほうを雄節《おぶし》、腹肉を雌節《めぶし》という。

成型したカツオの身を熱湯で六〇分から九〇分ゆでたのち、風通しのよい所で肉がよく締まるまで冷やし水につける。この肉を水からあげて、身くずれしないようにていねいに骨抜きをする。

骨抜きをした身はせいろうに並べてから室《むろ》に入れ、ナラ、クヌギ、カシワなどを燃やして加熱乾燥する。これを焙乾《ばいかん》という。これを「一番火」という。この段階で出荷される製品は「なまり節」と呼ばれる。

一番火の翌日、修繕を行う。これには煮沸肉と生肉を混ぜて作った「もみ」あるいは「そくい」と呼ばれるすり身を表面にできた傷や亀裂に充てんして外形を修復する。これを再びせいろうに並べて焙乾を行う。これを「二番火」という。この焙乾を本節では一〇～一二回繰り返す。焙乾を終えると節の表面はタールで覆われてざらざらしており、これは「鬼節」「荒節」と呼ばれる。

決めてはカビ付け

その後、晴天の日に鬼節を日干しし、カビ付け用の樽または箱に詰めてカビ付けを行う。二～三日後、表面が多少柔らかくなったら、表面のタール分を削り落す「削り」を行う。これは表面を整形し、カビがつきやすくするためと焙乾中ににじみ出た脂肪分を除去するためである。この小刀などで整形したものを「裸節」「赤むき」「若節」「新節」などと呼ぶ。

裸節は二、三日日干しした後で、木箱に詰めふたをして室温で貯蔵する。夏で一五～一七日間おくと節の表面がカビで覆われる。これを「一番カビ」という。これを風通しのよいところで日干ししてブラシでカビをこすりおとし、再び箱詰めする。これを「二番カビ」という。この「二番カビ」の処理をしたものは「青枯節」と呼ばれる。

カビつけは通常四回繰り返される。四番カビの処理が終わったものが最終的な製品である「本枯節」である。四番カビの処理まで終わった時点で、節の水分は一八パーセントまで減少している。その後、消費者の手にわたるまで日干しや風通しなどの手入れがたびたび行われるので、市販されるころには水分は一三～一五パーセント程度まで減少している。

こうして手にしたカツオ節は、断面に宝石のような透明感がありよく乾燥し、軽く打ち合わせると、澄んだ金属音に似た響きがする。

インド洋のカツオ節、モルジブフィッシュ

世界にカツオ節を生産する国がいくつかあって、それは日本、モルジブ、スリランカなどであるといわれている。

モルジブはインドの南西方向にあるインド洋に浮かぶ島国である。ダイビングやリゾート地として有名でありインド洋の真珠と呼ばれている。この国に伝統的なカツオの加工品があり、モルジブフィッシュと呼ばれている。

モルジブフィッシュは日本のカツオ節と違い伝統的には沿岸に生息するハガツオを使用

する。作り方はハガツオを丸のまま茹でて燻煙し、その後天日で乾燥させる。日本のカツオ節の製法と違うところはカビ付けを行わないところである。出来上がると木材のように硬くなる。外観も日本のカツオ節に良く似ている。

　モルジブフィッシュは乾燥し水分がほとんどないので高温、多湿のモルジブでも長期保存に適している。これは貴重な輸出品でスリランカに多く輸出されている。スリランカではモルジブフィッシュはカレーやその他の料理の調味料として欠かせない存在である。使用法は袋に入れてハンマーでたたいて砕いたり、削って使用したりするようだ。

図2-5　インド洋のカツオ節、モルジブフィッシュ
(http://thuna-paha.com/ スパイスショップ トゥナ・パパHP)

　実は日本のカツオ節の起源がモルジブフィッシュであるとする説がある。江戸時代以前に交易により東南アジアを経由して日本にもたらされたとされ、そのため沖縄が日本におけるカツオ節の最古といわれている。日本独自のカビ付けによる製造法は江

戸時代に土佐で考案された。

日本でもモルジブでも大量に漁獲されるカツオを加工して水分を抜き、長期保存する方法として、その国土の高温多湿な環境によく適応して普及したものだろう。

5、珍しいマグロの食べ方・料理

マグロといえば刺身がベストか?

たいていの日本人はマグロといえば生食、刺身で食べるだろう。日本人は魚食性が強く生食の習慣があるせいか、畜肉に関しても魚と同じような食べ方を好む傾向がある。例えば馬刺しやレバ刺しなどがそうである。

これに対しインド洋諸国では干した形にし、西洋では畜肉同様に食べるのが一般的である。南欧では前述のように紀元前から広く食されており、現在でも地中海沿岸諸国では需要が高い。アメリカではマグロもシーフード・レストランでステーキとして出され、最近三〇年くらいは、安価で良質のたんぱく質の食材として、ツナ缶が最も普及した食べ方となった。またツナ缶は軍隊でも重宝されて、戦争とともに需要が高まることも知られている。ただ欧米でも、最近は日本の食文化へのあこがれから、刺身・寿司でのマグロの消費が増大し、また加熱しても表面だけにとどめた食べ方が普及している。

どちらが良い悪いではなく、文化的な背景を考えると同じ食材でもさまざまな利用の仕方があるということである。そこで洋の東西を問わず、人間がこれまで蓄積してきた英知を活用することで、食材としてのマグロのこれまでにないおいしい食べ方が発見できるかもしれない。

ここではマグロの食べ方として刺身以外の料理法を紹介する。これは初めて聞くといったようなマグロの食べ方が紹介できれば幸いである。

ハワイのポキ

ポキとは海産物を用いた「漬け」のようなハワイ料理である。マグロやタコなどの魚介類を一口大に切り、塩やしょう油などの調味料に漬け込んだり、和えたりしたものである。ハワイオリジナルのポキは海藻（オゴノリ）と粗塩が必須である。醤油ポキは最近の味らしい。

作り方も非常に簡単でおいしく、日本人の味覚に合う。もっとも、ハワイでポキを普及させたのが日系人であるから、われわれの口に合うのは当たり前かもしれない。たいていのハワイのスーパーで見かけるお惣菜である。

作り方は以下である。

マグロを一口大のさいころに切る

(1)たまねぎをみじん切りに、ねぎを小口切りにする。
(2)マグロ、たまねぎ、ねぎをまぜてサラダ油と塩で和える。
(3)最後に風味付けにごま油を少量いれる。

塩のかわりにしょう油を入れるとしょう油ポキになる。

ポキは最近のハワイで最もポピュラーな食品のひとつである。ハワイ語でアヒはキハダ（場合によってはメバチ）のこと、アヒポキとはキハダのポキのことである。またカツオはアクでアクポキはカツオのポキで、アクポキが伝統的なものである。

ポキは「poke」と書き、本来は「ポケ」と発音する。これを英語式に発音したものが、いつの間にか市民権を得てポキとなった。

今日のポキをハワイの食文化にまで広げたのは日系人である。ちなみに「poke」というハワイ語は、「切る」「スライスする」「みじん切りにする」という意味である。

ポキはマグロポキ、カツオポキ、タコポキなどのほかにカニ、タイ、ロブスター、メカジキなどさまざまな海産物が材料として使用される。

イタリアのボッタルガ・ディ・トンノ

イタリアのシチリア島といえばマグロ漁で有名なところである。地中海はマグロやカジキ類の漁獲が意外と多く、なかでもイタリアは古くからクロマグロやメカジキを漁獲して利用している。「ボッタルガ・ディ・トンノ」はマグロの「からすみ」である。

からすみといえばボラが有名であり、イタリアでもからすみは高級品である。からすみは卵を塩漬けにした後で風乾して作る。マグロの卵もボラ同様に極小なのでからすみに適している。

イタリアでも高級食材で安くはない。以前にローマで六〇〇グラムくらいを購入して一万円近く支払った記憶がある。風味と塩味が適度にきいていて美味である。味はボラのからすみよりワイルドな気がするのは私だけだろうか。

ボッタルガパスタの作り方は超簡単である。

(1)パスタを茹でている間に、フライパンにオリーブオイルを入れて、少量のニンニクのみじん切り、タマネギのみじん切りを入れて、香りがでるようにゆっくりと炒めておく。

(2)パスタが茹で上がったら炒めたオリーブオイルの方に入れて、ボッタルガを加えて良く混ぜ合わせるだけで出来上がりである。(3)固まりのままのボッタルガがあれば、薄くスライスしたものを添えたらよい。(4)クリーム系のパスタでいただきたい場合は玉葱、にんにくを加えたところに、生クリームを入れて、クリームの中にボッタルガを加えて少し煮詰めてソースを作ってからパスタと合わせると美味しくできる。(5)マグロのからすみはボラのからすみよりも少し魚の風味が強めである。ちょっと味の濃い『ウニ』の塩漬けに良く似ている。ボッタルガは塩分が強いので、ソースに塩はあまり入れないこと。

マグロのモハマ

モハマとはスペイン料理でマグロの背肉を塩干ししたものである。モハマはスペインの地中海岸の南部、ムルシア地方からアンダルシア地方にかけて広く製造され、本来クロマグロの赤肉を縦に帯状に切り裂いて、かなり強い塩をして重しで押した後に、天日で干したもので、薄く切ってオリーブオイルに漬けて酒の肴にする。トマトとともに食してもうまい。最近はクロマグロが高価になったので、キハダなどで代用している。

カツオのガワ料理

さて、ここからはマグロ・カツオに関連した日本の伝統的な地方料理を紹介しよう。「ガワ」は静岡県御前崎の代表的な漁師料理である。

明治の初め、漁師たちは船上で釣ったばかりのカツオを味噌で味つけして食べていた。おひつに冷や飯を入れ、カツオを頭ごとたたき、味噌を溶かした氷水に入れてガワガワとかきまぜて作ることから「ガワ料理」と名付けられた。

栄養満点で火を使わない漁師の考えた船上のご馳走である。一口にガワといっても作り手によって味つけも野菜や薬味の種類もさまざまである。漁師により独特の秘伝があるようだ。

一般向きには、ショウガやねぎ、タマネギ、シソ、梅干しなどの薬味を入れ氷を浮かべて作る。実はカツオに限らず生で食べられる新鮮な魚なら何でも同じように食べられる。このいわば冷たい味噌汁に刺身を入れて食べるような料理はいろいろな地方に存在し、千葉県では「水ナマス」「沖ナマス」などと言い、アジのナメロウなどが使用される。

この「ガワ」「水ナマス」などの調理法はあまり普及していないが、簡単にできて意外においしいので、是非試していただきたい。

カツオのビンタ料理

カツオはマグロに比べて魚体も小さく沿岸でも漁獲されるため、昔から日本各地で利用されていた。そのため地方独特の郷土料理が発達している。

鹿児島県枕崎市は昔からカツオ節の産地として有名なところであり、カツオの一本釣り船やまき網船が水揚げするばかりか、全国から陸送でカツオが集まる町である。

ビンタ料理はこの町の名産だ。ビンタとは鹿児島弁で頭のこと。ビンタ料理とはカツオの頭を煮た料理のことである。塩で煮た潮汁のほかに味噌味もあるようだ。カツオ節を作るときに余る頭を塩やショウガでうまく味つけし、皿に盛る。とくにＤＨＡが詰まった目玉のゼラチン質はとろけるようなうまさだ。もともとあまり物を使った料理なので値段も安い。

枕崎ではビンタ料理を中心にカツオ尽くしを出してくれる。カツオのビンタ定食には、カツオ腹身の白ぬた、カツオ腹身干物のあぶり、カツオたたき、カツオ塩辛、カツオのビンタがついている。まさにいまはやりのＢ級グルメの王様である。値段は安いが食べきれない。

定番マグロ茶漬け

最後はお茶漬けでしめたい。

お茶漬けは書くのがはばかられるくらい簡単な料理である。しかしうまい、しかも誰でもできる。魚の刺身をのせたお茶漬けはさまざまな種類がある。マグロ茶漬け、カツオ茶漬け、鯛茶漬け、アジ茶漬けなどである。

インターネットでマグロ茶漬けのレシピを調べていたら、マグロのお刺身をそのまま使う方法、刺身を数時間タレに漬け込む方法、マグロの漬けを使う方法に大別された。しかしこれはもうお好みの範疇で、お好きにどうぞというしかないだろう。

作り方をいちおう記しておく。(1)マグロにしょう油と酒をからませ、下味をつける。(2)器に熱いごはんを盛り、マグロをのせる。(3)熱いお茶をかけ、わさびを添える。

マグロ茶漬けの作り方、白湯かお茶かこぶ茶か、どのような薬味を添えるかはそれぞれの好みである。

カツオの茶漬けの作り方もほとんど同じであるが、カツオはカツオ節の原料になるだけあって、マグロよりもだしがよく出るような気がする。個人的にはカツオ茶漬けのほうが好みである。

カツオとオリーブオイル、塩

ここからはマグロ・カツオ料理の番外編で、個人的な好みのカツオの食べ方である。あるときカルパッチョをもっと手抜きして簡単に食べることを思いついた。それともうひとつのヒントは焼き肉店で食べたレバ刺しの食べ方である。このレバ刺しをごま油と塩で食べる方法が頭のどこかに残っていて、イタリア料理のカルパッチョと結びついた。

カツオの刺身を食べるときにしょう油皿にたっぷりのオリーブオイルと塩を少々加える。しょう油代わりにこのオリーブオイル＋塩でカツオの刺身をいただくのである。シンプルでうまい食べ方である。簡単なので、是非一度お試しいただきたい。

いわば、簡単カルパッチョといえるかもしれない。カツオの刺身を皿にならべ、オリーブオイル、塩、ビネガーをお好みで振れば、簡単にカツオのカルパッチョができる。ケッパーを載せたり、さまざまな野菜を載せたりするのは好みである。

漁師もいろいろな魚の食べ方をする。長い漁に出ている漁師にとっては食べることが唯一の楽しみである。漁船ではカツオの刺身をしょう油にマヨネーズと七味を入れて食べていた。少し淡白なカツオの刺身にマヨネーズの脂が意外に合うのである。

このような体験もカツオの刺身とオイルという発想のヒントになったのかもしれない。実に簡単にできるので、是非お試しありたい。

余談だが、マグロの刺身で同じ方法を試してみたが、カツオほどおいしくはなかった。カツオの刺身にはマグロにない独特の臭み、風味がある。この風味とオリーブオイルの香りが合うのかもしれない。

ビンナガのシーチキン・ナゲット

マグロは種類で刺身の色合いが違う。キハダであれば赤身であるし、クロマグロ、ミナミマグロの赤身は深紅でトロの部分は脂が入って霜降りになりピンクに近い色合いである。ビンナガの身は赤くなく、むしろピンクである。

ビンナガの身は柔らかく、角がたたないので刺身としては上質とはいえない。しかし最近では餌をとるために北に回遊したビンナガが下りカツオのように南下するときに捕まえたものが「トロビン」などとして出回っている。この刺身は脂がのっていてうまい。値段がそれほど高くないのも魅力である。

筆者が研究所に入りたてのころ、ビンナガの資源研究を担当していた。そのおかげで、ビンナガを購入し、調査で体長、体重や性別を測った後の身を処理するために刺身で食べたりしていたが、あまりおいしくなくて処理に困っていた。

それで、いろいろな食べ方を試したのだが、熱を加えると意外においしくなるのであった。ビンナガの身はもともと赤身が強くないので、加熱しても白っぽく、身は鶏肉のようである。それで有名缶詰会社はビンナガの缶詰を「シーチキン」、海の鶏肉として販売している。キハダ、カツオなども缶詰にはなるが、原料としてはビンナガが一番高級なようである。

つまり刺身としては最も下級なマグロが加熱すると、最も高級なマグロに変身するのである。フランスでもビンナガを加熱して食べるので、くせのない最も淡白なマグロとして珍重されるのだろう。

そこで「シーチキン・ナゲット」である。ビンナガをたたいてミンチにする。このとき多少粗くしたほうが食感がよい。塩・コショウ、薬味を入れて味を調える。適当な大きさの小判状にしたものに衣をつけてフライにする。ビンナガの身がまるっきりチキンのような食感となり美味である。ケチャップやマスタードでいただけば、どこかのハンバーガーチェーン店で売っているチキン・ナゲットと間違うような味に変身する。高たんぱく、低カロリーの健康食でもある。

生ハムの風味、塩マグロ

マグロを刺身で食べるのに飽きてきた人におすすめである。作り方は簡単で、(1)柵の状態のマグロに粗塩を強めにまんべんなくまぶす。⑵冷蔵庫で二〇～三〇分、水分がにじみ出るまで置く。⑶水で塩を洗い流し、キッチンペーパーで水気を吸い取るとできあがり。塩により脱水されて歯ごたえが増し、うま味も凝縮されている。材料も高いマグロより筋ばった部分など廉価な材料で十分だ。

食感や味は生ハムのそれに近い。薄切りにしてわさびで食べるもよし、タマネギ、コショウ、オリーブオイルで洋風に、トウバンジャンとごま油で和えて中華風にしても美味である。

冷蔵庫で保管し日持ちがするのもうれしいし、冷凍保存も可能である。以前は刺身があまるとしょう油に漬け込んだヅケにして持たしていたが、しょう油の味が濃く、量を食べられるような保存法ではなかった。

塩マグロは淡白な味でいくらでも食べてしまいそうである。素材としても面白く、カルパッチョにしたり、サラダに入れてもおいしい。普及すればさまざまな料理のバリエーションとして発展しそうである。

塩で食物を保存することを塩蔵という。乾物とならび太古から人間が食料を貯蔵するために用いてきた方法である。塩マグロは冷蔵庫の発達により忘れていた貯蔵法の復権であるとまでいったら大げさだろうか。

もともと生ハムは塩漬け肉を風乾させて熟成したものである。塩マグロも同じように長期熟成させれば本物のマグロハムとなるだろう。ただし保存料などを入れていないので、長期保存をしようとすると肉の変性や腐敗が起こる可能性がある。マグロハムへの挑戦はオウンリスクでお願いしたい。

第2部

マグロと人

第3章　マグロ漁業の歴史と漁法

1、日本におけるマグロ漁業の歴史

古代のマグロ漁

日本の貝塚から出土する動物の骨や角などを材料に使った道具（骨格器）の中で、それまで正体不明であった銛頭《もりがしら》を同定したのは、マグロの解剖学でも著名な岸上鎌吉博士であった。この貝塚の時代は縄文中期と考えられたので、およそ六〇〇〇年前となる。

離頭式と呼ばれる銛では、柄と銛先は固定されておらず、魚に銛を打ち込んだ後に柄と銛先が分離し、柄とロープのついた銛先は別々に回収される。この形式の銛は世界に広く分布しているが、三陸地方の貝塚から発見された一部の銛頭は、マグロに特化した形状と考えられており、ときには大量のマグロの脊椎骨とともに発見されている。

貝塚で発見されたマグロの骨を、岸上博士は解剖学的な見地からほとんどがクロマグロ

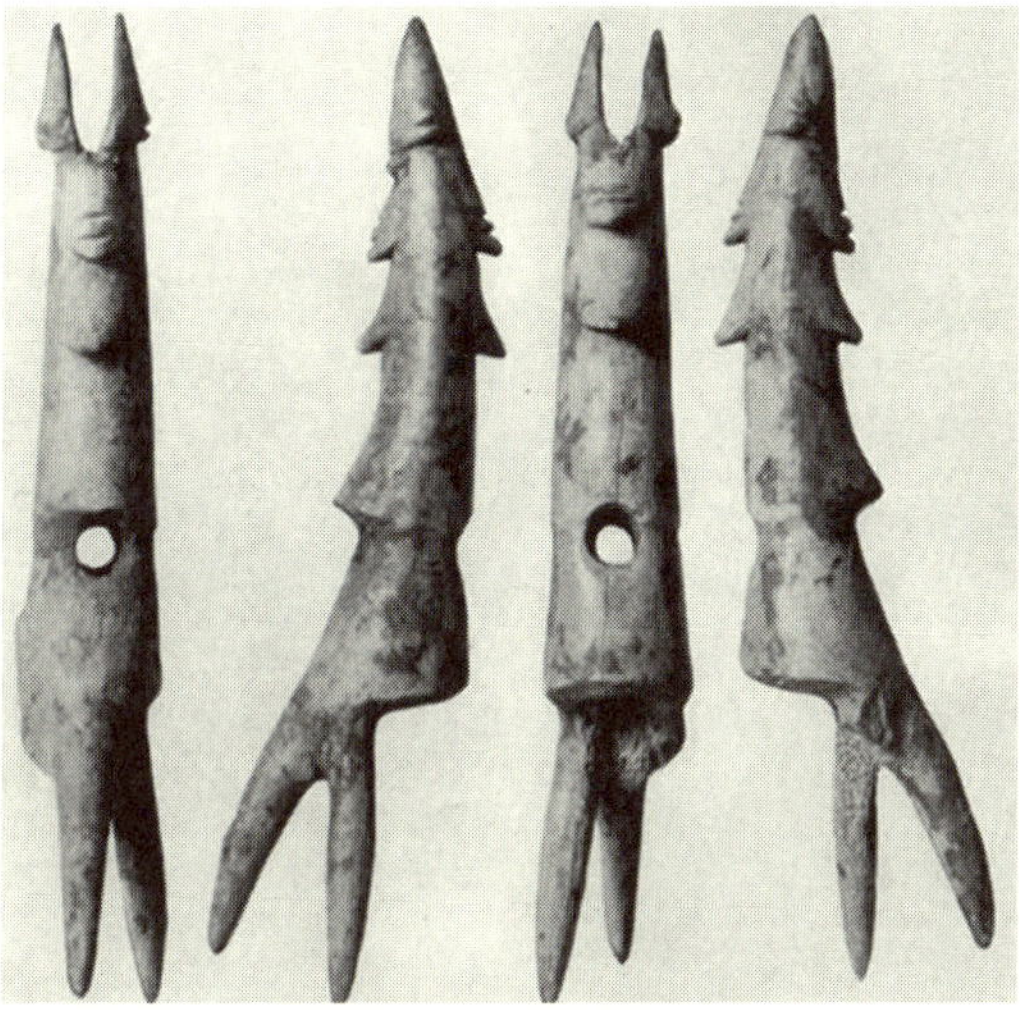

図 3-1　遺跡出土の銛頭（渡辺誠『縄文時代の漁業』雄山閣より）

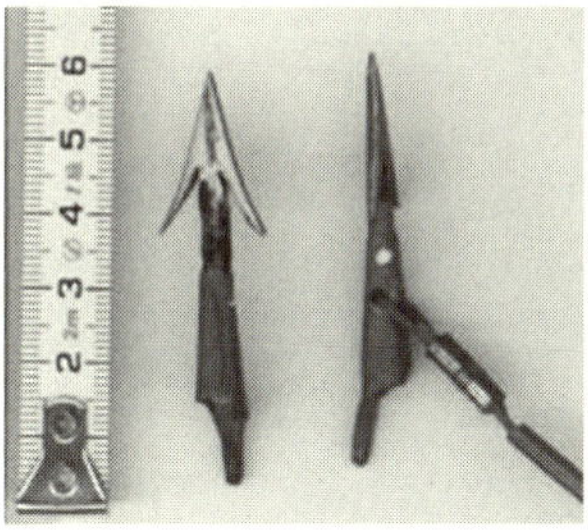

図 3-2　現代の銛頭（遠洋水産研究所 武藤文人氏提供）

であると考えた。マグロ類中で最も沿岸性の強いクロマグロが当時のマグロ漁獲物の中心であったのは理解できる。一方、銛による漁獲の他に、大型の骨格製釣り鉤を用いた一本釣りや、地形を利用した追い込み漁などでもマグロは漁獲されたであろう。

有史時代のマグロ漁としては、七、八世紀に成立した『万葉集』にマグロの銛漁や釣漁に関する歌が収められており、縄文期に成立したこれらの漁法は後代まで存続していたようである。

マグロを大量に獲るのは江戸時代から

今日、われわれは当たり前のようにマグロを食べている。なかにはグルメな日本人が世界の高級マグロを食べつくすといったたぐいの報道までされており、日本人とマグロは切っても切れない密接な関係にあるようだ。

日本人とマグロとの関わりはいつから生じたのだろうか。

縄文時代の貝塚からマグロの骨が発見されているので、この時代から食べ物として利用していた事実はあるが、量としてまとめて流通するようになるのは後代になってからである。後述するように大型のマグロを漁獲するにはそれなりの漁具と漁法が必要で、特に沖合のマグロを獲るための漁具や漁法が考案されたのはもっと時代が下った江戸時代に入っ

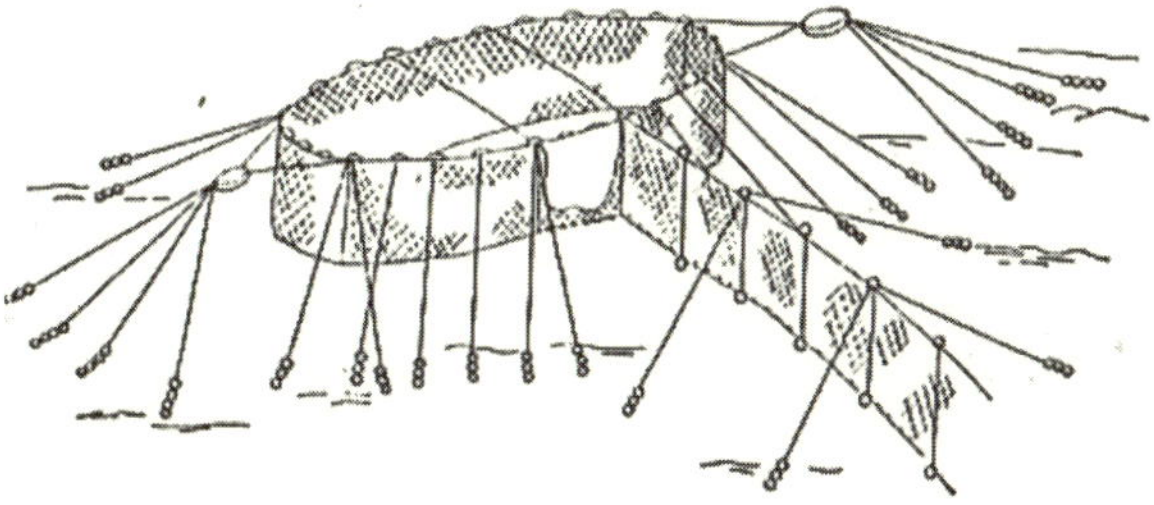

図 3-3　大謀網

てからである。

漁業が発達していなかった昔は、資源も手つかずに近い状態だったので、今よりも陸地近くにカツオやマグロが来遊したと考えられる。この魚を狙って、その後にあらわれた漁法が、クロマグロを主対象とした定置網（大謀網）漁業である。縄文時代に盛んにクロマグロが漁獲されていた三陸地方では、十一世紀からこの漁法があったとも考えられている。

マグロの大量漁獲は漁具に網が使用されるようになったことによる。特に定置網の考案によることが大きい。この漁法は岸より沖に張り出した垣網によって来遊するマグロを遮り、袋状の身網に誘い込んで漁獲する方法である。

この当時の漁船のほとんどが手漕ぎであったため、あまり遠くへ出漁できなかったので、極めて有効な漁法であった。定置網の開発は、我が国沿岸漁業の発展に大きな意義をもつ。定置網は今なお沿岸漁業の重要な位置を占めている。

図 3-4　さまざまな地方で行われたマグロ漁、裁切網の図
（静岡県立中央図書館収蔵「天保三年伊豆紀行」）

さまざまな地方で行われたマグロ漁

駿河湾東部で一六世紀から存在していた裁切《たちきり》網《あみ》は、入り組んだ地形を利用した追込網だが、このような漁法は案外縄文期から存在していて、三陸定置網の起源だったのかもしれない。

三陸とは起源の異なる定置網は富山湾でも発達し、やはりクロマグロを主対象としていた。この漁法は少なくとも一五世紀後半から一六世紀にかけては存在していたようである。クロマグロを主対象とした定置網は、一七世紀になると三陸・富山湾の他に、山口県や長崎県の島嶼部、鹿児島県でも行われるようになった。

このようなクロマグロを主対象とした定置網漁法は一九世紀には大きく発展して国内各地にひろまり、二〇世紀初期まで盛んに行われた。

現在、マグロの漁法としてはまき網やはえ縄があるが、その起源は定置網より新しい。マグロを主対象としたまき網は、一七世紀に宮城県や福島県で行われるようになった。

マグロはえ縄は千葉県南部で一八世紀中ごろに行われるようになったといわれる。この漁法が今日のように盛んになったのは明治末以降の漁船の動力化や冷凍設備の発達、そして漁具の改良、特に戦後の縄類への化学繊維の導入によるのだろう。

明治から大正時代

定置網によるマグロ漁と並行して明治初期ごろより漁船の帆船化が進み、漁場の沖合化が進行した。沖合を回遊する魚に適したはえ縄や流し網漁法（網に魚が刺さったり、絡んだりして漁獲する漁法）が帆船で行われるようになった。マグロ漁業の操業海域は明治後期ごろから、漁船の動力船化が徐々に進行し、徐々に広範な海域へと拡大していった。

大正元年のはえ縄漁船数は千葉、静岡、和歌山などを中心に一六六隻に達した。やがて帆船操業も大正末期には衰退し、漁船の動力化が進んだ。そして漁場はさらに沖合へと拡大し、漁業の作業効率が向上していった。

漁船の動力化にともない、それまで二、三日であったはえ縄漁業の航海日数が一週間以上に増え、陸から五〇マイル（約九〇キロ）以上もはなれた漁場での操業が可能になっ

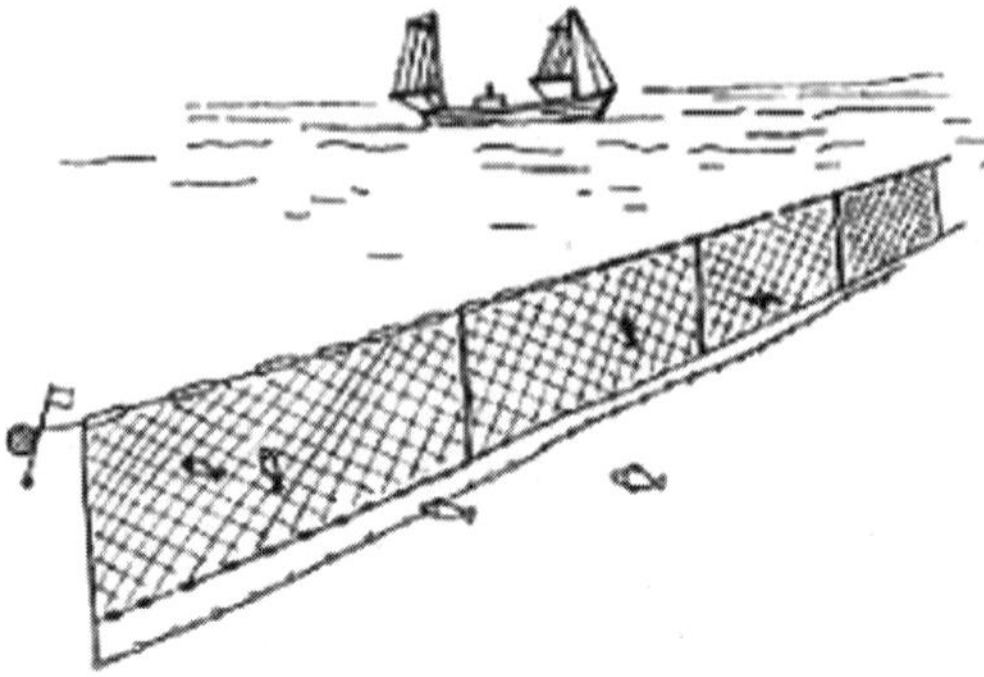

図3-5　流し網

た。またはえ縄漁具の幹縄を巻き取るラインホーラーなど操業の機械化も進み、はえ縄漁業の漁獲量が増加した。

明治二七年ごろからは漁獲統計も整備されるようになった。マグロの漁獲量は明治末期までは定置網で漁獲されたものが主体で、それ以外には和帆船、後に西洋帆船によるはえ縄漁法とカツオ一本釣りにより混獲されたマグロ類が若干含まれている。漁獲量は合計して一万〜二万トンである。

その後大正一〇年ころには、ほとんどのはえ縄漁船が動力化され、漁船規模も大型化、一〇〇トン以上の鋼船が出現した。

戦前のマグロ漁業では、流し網も重要であった。この漁法は一九世紀半ばに茨城県で開始され、一九世紀末から二〇世紀初頭にかけて北日本を中心に日本各地に広がった。二〇〇隻を超える流し網漁船が北海道、三陸沖でクロマグロを主な対象として操業し、北海道の東南沖では特にこの漁法が盛んで、一九二九年には一万トンを超える年間漁獲が記録されている。

はえ縄漁法

マグロはえ縄は千葉県南部で一八世紀中ごろに開発された。当時の漁業は漁船の動力、操業ともにすべて人力に頼っていた。そのために漁労作業は苛酷で、遭難や事故も多く、はえ縄漁師の妻は、夫が遭難し未亡人になる例も多かった。このことから、はえ縄漁を「後家縄」といった時代もある。

その苛酷さにもかかわらず、漁業が発展していったということは、その危険にみあうだけの高収入があったことを意味している。

ここで日本の伝統漁法であるマグロはえ縄漁法について解説しておきたい。

図3-6のように「はえ縄」漁具とは、長い幹縄と呼ばれる縄に釣り鉤が一本ついた枝縄と呼ばれる縄が「縄のれん」のように何本もぶらさげている。「アバ」と呼ばれる浮きを一定の間隔で取り付ける。これで漁具全体が海表面から「すだれ」のように海の中に設置される。

はえ縄漁具で驚くべきは現代使用されている漁具の規模である。漁労機械の発達とマグ

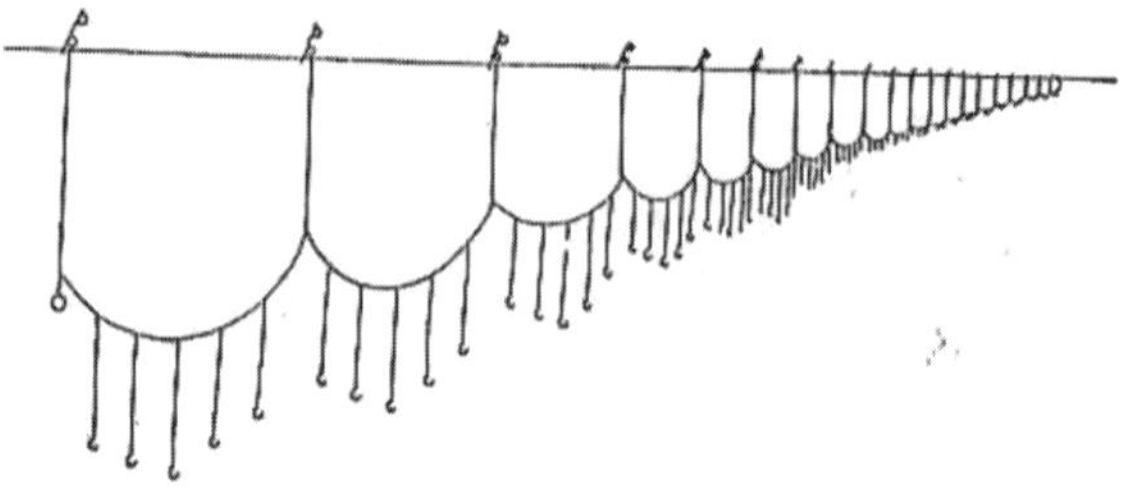

図 3-6　はえ縄漁具

口資源の減少とで、だんだんと一回の操業で使用される釣り鉤の数が増加していった。

戦後間もなく、一回の操業で使用される釣り鉤は数百本程度であったが、しだいに増加し、近年のはえ縄では三〇〇〇本を超えている。そして一鉢（ひとはち）とよばれる浮きから浮きまでの距離はおよそ五〇〇メートル、幹縄全体の長さは一〇〇～一五〇キロにおよぶ。これは東京―静岡間の距離に匹敵する。

この漁具を明け方、三～六時間かけて海に設置する。その際、三〇〇〇本の釣り鉤のひとつひとつにサバ、サンマ、イカなどの餌をつける。この餌の量は段ボール箱に入った冷凍品が何十箱にもおよぶ。餌を釣り鉤に刺す労力だけでも大変なものである。

はえ縄を巻き上げるには半日かかる

漁具を設置した後は、船を止めてしばらく待機する。漁具を揚げ始めるのは昼過ぎからである。一五〇キロにもおよぶ幹縄をラインホーラーで延々と巻き上げる作業だ。この巻き上げに一二時間ほどかかる。ラインホーラーで幹縄を巻き上げながら、別の乗組員が、専用の装置で枝縄を巻き上げる。この幹縄と枝縄の巻き取り作業が黙々と続く。

枝縄の先に魚がかかっていると、漁師は「商売！」と声をかける。乗組員は縄を巻き上げていた作業を中止し、舷側に寄って魚を取り込みにかかる。一本の枝縄にマグロがかかると、カジキやマンダイなどの他の魚（雑物）も続けてかかることが多い。甲板上はマグロの鰓やはらわたを取り除いたり、カジキのフン（くちばし）やヒレを切ったりと魚の処理で一時忙しくなるが、甲板上の魚を片付けおわると、再び単調な巻き上げ作業の繰返しとなる。

マグロが漁獲される確率はおそろしく低い。三〇〇〇本の針と餌を投入して一回当たり獲れるマグロは多くて二〇～三〇本、少ないときは一〇本にもみたない。平均すると針一〇〇〇本あたり二、三本～一〇本といったところである。

操業が終わると、漁船員は翌朝漁具を設置する投縄（とうなわ）の当番を残して眠りにつく。翌日眼がさめると昼過ぎから夜中まで、また縄を揚げる作業が待っている。クロマグロやミナミマグロなどの高級マグロの漁場は熱帯ではなく北極や南極よりの高緯度の海域であり、海も荒れる。労働環境は苛酷である。

昭和時代

昭和に入ってからはマグロの缶詰や冷凍品などの輸出需要が高まり、わが国のマグロ漁業はさらに発展した。

マグロ漁業の有数な基地である神奈川県の三崎漁港での水揚げ状況をみると、マグロはえ縄は昭和五年ころまでは三陸沖のクロマグロを主対象とし、その後はビンナガに主対象が移り、さらに昭和一五年ころからは南方のキハダが主対象となった。

マグロの漁獲量は昭和一五年には八万六〇〇〇トンを超えた。当初マグロはえ縄漁業は、春から秋にかけてのカツオ漁の裏作的な要素がつよかったが、日本の海外拡大政策とも結び、南洋諸島（南方）へ漁場を拡大し、周年操業を行うようになる。昭和一六年には南方への出漁船は七六隻におよんだ。

その後、太平洋戦争の激化により漁獲量は大きく減少する。

２、戦後のマグロはえ縄漁業――マッカーサーラインの撤廃から世界へ

マッカーサーラインの撤廃

戦前に南方へと進出したマグロはえ縄漁業も他の漁業と同様、太平洋戦争による漁船の徴用や船員の喪失など重大な痛手を受けた。さらに占領軍による日本人の漁船の操業海域の制限があった。この境界線を当時の連合軍司令官の名をとり、マッカーサーラインと呼ぶ。

しかし、連合国軍総司令部（ＧＨＱ）は当時の日本の食糧難を考慮し、マグロはえ縄漁船については比較的早い時期にその操業海域規制を緩和させた。

具体的には昭和二〇～二四年に第一次～第三次漁区拡張許可が施行された。さらに昭和二五年には南洋海区に母船式マグロ漁業に対し特別許可海区が設定された。

昭和二七年にはマッカーサーラインが撤廃され、日本のマグロはえ縄船団は撤廃から二、三年の間にインド洋と太平洋全域にその漁場を拡大した。そして昭和三二年には日本のはえ縄漁船はパナマ運河を越えて大西洋に出漁した。

その後、日本のはえ縄漁業は漁場拡大、漁船数の増加、漁船規模の大型化など順調に発

展していったが、昭和三七、三八年をピークに漁獲量は減少した。漁獲量は再び増加するが、昭和六〇年（一九八五年）をピークに再度減少に転じ、現在も日本のはえ縄漁船の漁獲量は減り続けている。

第五福竜丸事件

この戦後のマグロはえ縄漁業拡張期に起こったのが「第五福竜丸事件」あるいは「原爆マグロ事件」と呼ばれているマグロはえ縄漁船の被爆事件である。

第二次世界大戦後、米ソは冷戦下で軍備の拡張競争を行い、その一環として両国は次々と原爆や水爆の実験を繰り返した。戦争が終わって九年後である一九五四年、アメリカは太平洋、マーシャル諸島にあるビキニ環礁近くの海域においてキャッスル作戦を実施、ブラボーと呼ばれる水爆の爆発試験を行った。

このとき静岡県焼津港所属の遠洋マグロ漁船「第五福竜丸」が実験海域から一〇〇キロ離れた場所で操業中に死の灰を浴び被爆した。その後、第五福竜丸は自力で焼津に帰港し、乗組員二三名は検査を受けたところ、全員が「急性放射能症」と診断された。無線長の久保山愛吉さんは被爆から半年後に「原水爆の犠牲は私を最後にしてほしい」と言い残し亡くなった。

このときに第五福竜丸が焼津で水揚げしたマグロは築地に運ばれたが、セリにかけられる前にこれらマグロも被爆していることが判明し、築地市場内の地中に埋められた。

またこの時期は日本のマグロはえ縄の拡張期にあたっていたため、被爆したのは第五福竜丸だけではなく、合計八五六隻が検査され、四五〇トン以上のマグロが廃棄されたといわれている。

戦後わずかに九年であったこともあり、当時の世相は放射能汚染に対して敏感で、全国的に風評被害が広がった。そのためにこの水爆実験の前に獲ったマグロも流通の中で水爆実験後に漁獲されたマグロと区別がつかずに各地で多くのマグロが廃棄された。

ところが被害はこれだけにとどまらず、全国でマグロの相場が大きく値崩れしたため、魚価の低迷を招いた。この魚価の低迷、マグロの廃棄などの直接被害を合わせて当時六億〜一〇億円の被害があったと見積もられている。

その後の第五福竜丸

第五福竜丸は一九五四年三月の帰港後、焼津に検査のために係船されていたが八月に文部省が買い取り、東京水産大学の品川岸壁に移された。

さらに検査や放射能の除去作業が行われ、安全が確認された後に東京水産大学の練習船

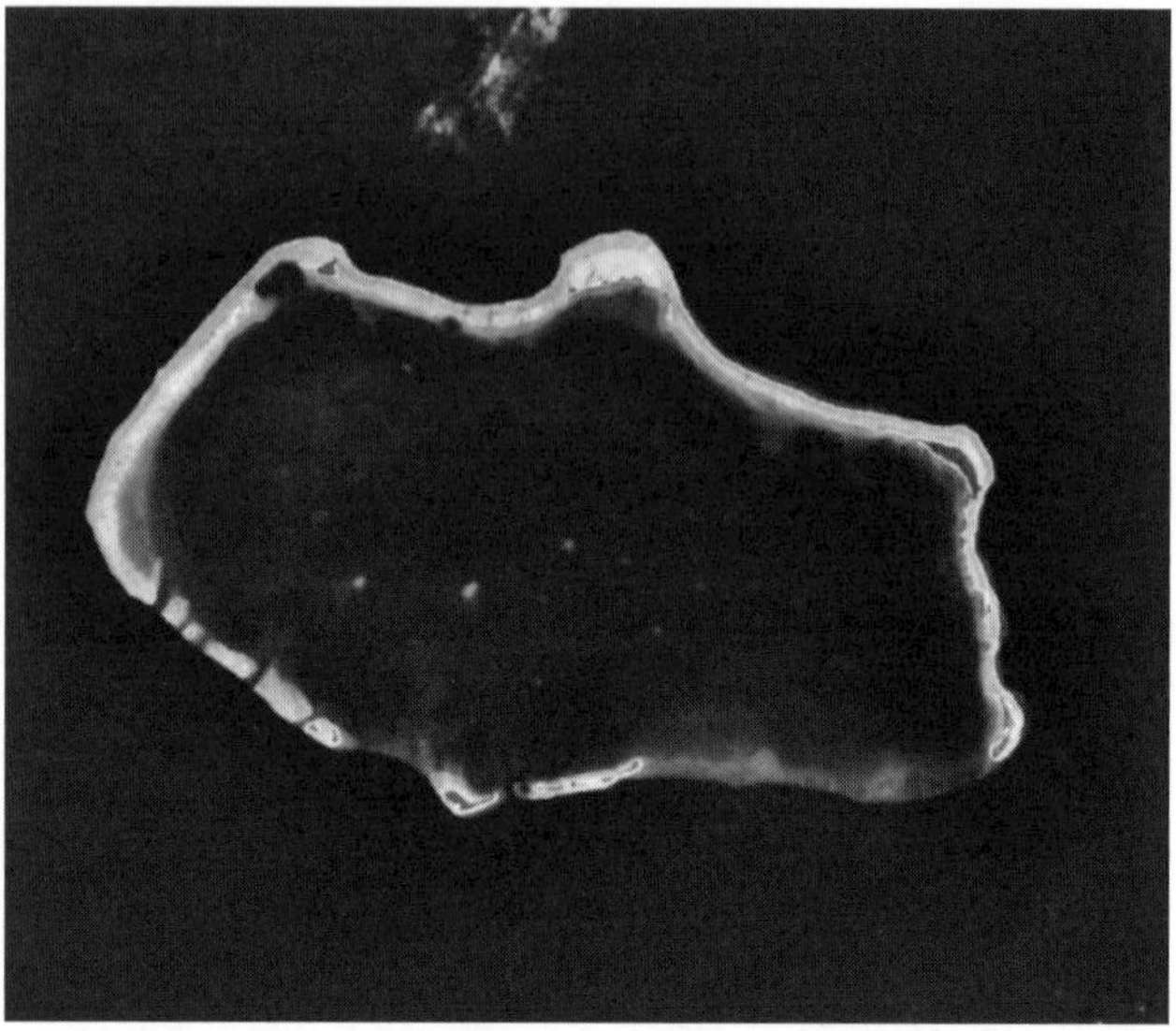

図 3-8　第五福竜丸事件（ビキニ環礁の上空図、NASA）

はやぶさ丸として再生された。

一九五六年から一一年間にわたり東京水産大学の実習船として活躍、その後、老朽化したはやぶさ丸は一九六七年に解体業者に買いとられ廃船となった。

しかし、夢の島に放置係留されていたはやぶさ丸を東京都の職員が発見し、このような歴史的な事件にまきこまれた船は保存すべきであるとの、「第五福竜丸」としての保存論議が活発となり、保存されることとなる。

一九七〇年には船名が再び「はやぶさ丸」から「第五福竜丸」に戻され、一九七六年には江東区夢の島に都立の「第五福竜丸展示館」が完成し保存・展示されることになった。今日でもその船体は保存され、悲惨な事件を後世に伝えている。

図3-9　その後の第五福竜丸
(http://d5f.org/index.html 第五福竜丸展示館の公式ホームページ)

3、カツオの一本釣り

縄文時代の貝塚からカツオの骨が発見され、古い文献にもカツオに関する記述があることから、カツオが古くから食料として利用されていたことは間違いない。しかし、カツオの漁業が本格的になったのは江戸時代の初期からである。その後は「初ガツオ」として江戸の庶民の間でもなじみの魚となり、女房を質に入れても食べるとまでいわれ、愛されるようになる。当時のカツオは高価だったようだ。

またカツオ節の作り方が発明され、各地に普及、製造されるようになると、大量の需要が起こり、カツオ漁は沿岸あるいは近海漁業として確立された。

江戸から明治末期ごろまでは漁船は和船で櫓や帆走を動力としていた。そのため漁船の行動範囲は狭く二、三〜一〇キロ、遠い場合でも二〇キロ弱程度であった。その後、明治末から大正にかけて漁船の動力化が進み、大正末期には鋼船の大型カツオ船が出現した。

伝統的なカツオ一本釣り漁法

これらカツオは日本の伝統漁法である一本釣り漁法で漁獲されていた。以前にコミック誌で連載された『土佐の一本釣り』で有名なカツオ一本釣り漁業である。カツオ一本釣りでは低い舷のカツオ漁船に疑似餌のついた釣り竿を持った漁師が大勢乗り組み、魚群を見つけて船を寄せ、カツオを疑似餌でつぎつぎと釣り上げる漁法である。

近年のカツオ釣り漁船では釣り上げている最中のカツオの群れが船から逃げないように、散水機やおとりの生き餌を確保しておくための活魚槽などを備えている。漁船をカツオの群れに付けると、あたかもそこに餌のイワシが驚いて跳ねているように、散水機で水をまき、漁師一人が活魚槽から生きたイワシを海に投げ入れる。これで釣り上げているあいだカツオ魚群の足をとめようという作戦である。

また最近の人出不足に対応するために最近のカツオ竿釣り船には自動カツオ釣り装置が何台か設置されている。これは人間の代わりに、疑似餌にカツオが食いつき竿にテンションがかかると機械が自動的に竿を跳ねあげて、無人でカツオが釣れる装置である。

カツオ竿釣り漁の主な漁場は赤道近くの南方と東北沖合などの日本近海である。特に日本近海においては、カツオだけではなく、ビンナガも同じように海の表層近くに群れを作って移動しているので、竿釣り漁の対象になる。漁師は市場取引されるカツオの値段をみながら、ビンナガを追うか、カツオを追うか決めるのである。

バードレーダーの開発

また近年の技術革新としてはバードレーダーが挙げられる。昔からカツオの一本釣りでは群れの発見が重要な要素であった。

カツオの魚群の性状には鳥付き群、餌持ち群、跳ね群れ、サメ付き群、クジラ付き群、木付き群、素群れなどがある。以前はこれらのカツオ魚群を乗組員が総出で双眼鏡をのぞき探していた。このカツオの群れを上空に群がる鳥を探すことにより見つけようとしたのが、バードレーダーである。以前のレーダーはその性能の関係で鳥のような小さな物体はとらえることができなかったが、今日では鳥の群れを識別することができる。

このレーダーの開発により数十キロ離れたカツオ魚群も発見することができるようになった。

図3-10　伝統的なカツオ一本釣り漁法（小野征一郎編『マグロの科学』成山堂書店より）

まき網漁業

まき網漁法も一本釣り漁と同じように海の表層近くに群れを作る魚群を漁獲する漁法で

ある。カツオの魚群を発見すると母船に搭載してあるスキフボートと呼ばれる小船が魚群を取り囲むように網を曳いて設置する。

その後、網地の下端に通してあるワイヤーを引っ張り、端を閉じて袋状にするのである。その形が巾着袋《きんちゃくぶくろ》に似ていることからキンチャク網の別名がある。こうして文字通りカツオの魚群を一網打尽にするのである。

この漁法の発祥の地はアメリカである。日本にも同様な漁法は存在したが、特にマグロを対象とする効率的な漁法がアメリカから伝えられ、別名アメリカ式キンチャク網、アメキンなどの呼び名もある。この漁法は強力であるうえ、一本釣り漁法が対象とする表層群を漁獲する。また一本釣りでは群れをすべて獲りつくすことがないのに比べて、まき網は獲り残しなく群れを漁獲できる。

一時は漁場の競合なども起こり、一本釣り漁師とまき網漁師の間が険悪になったりしたが、漁場の棲み分けにより、紛争の解決を図っているようである。

ただし、まき網漁業はカツオやビンナガだけでなく、クロマグロも漁獲するし、南方ではキハダ、メバチも漁獲することができるので、漁業者によっては脅威に感じている場合もあるようだ。

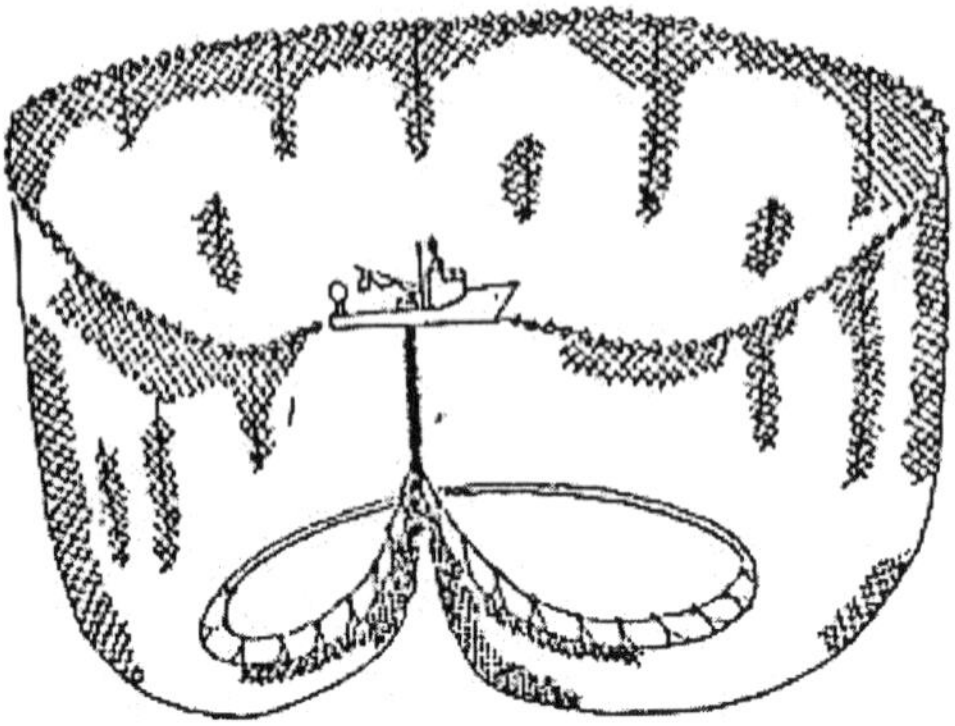

図 3-11　まき網漁業

4、定置網漁業

定置網漁業は待ち伏せ漁法である。海の中に岸と直角に垣網と呼ばれる網を張っておく。魚が泳いできて垣網に突き当たると、沖の方角に泳いで逃げようとして網に沿って沖合に泳いでいく。その沖合に袋状の網を設置しておき、入った魚を漁獲する方法である。

漁師は一日に一回、船で網の中の魚を回収しにいく。網は海の中にずっと敷設されているので定置網という。いわば海の中にわなを仕掛けているような漁法である。沿岸部に回遊するクロマグロがその対象となる。

定置網の原型は江戸時代初期には現れていた。その起源は山口県の系統の大敷網《おおしきあみ》と富山県系統の台網《だいあみ》、三陸起源の大謀網《だいぼうあみ》である。これらが主にクロマグロを目的に全国に伝わり発展した。

これらのうち大敷網が最も優勢であったが、明治末期には大謀網の要素も取り入れて改良された。大謀網は明治末期から大正を通じ全国に普及したが、大正末期にはさらに改良され、落網《おとしあみ》となり、主な対象はブリとなった。これら定置網の大きさであるが、大型のものは長さ三〇〇メートル、幅六〇メートルの楕円形になり、水深一〇〇メートルくらいのところに設置されているものもある。

5、その他のマグロ漁業

曳き縄漁業

船を航走させて擬餌針《ルアー》を曳きながらかかった魚を釣る漁法である。大物釣りのスポーツフィッシングであるトローリングも同じ漁法である。

海の表面を曳いたり、ある一定の深さを曳いたりする。漁具は釣り糸と擬餌針で構成されるが、両者の間にヒコウキや潜行板と呼ばれる器具を付けて海面に水しぶきをたてて魚

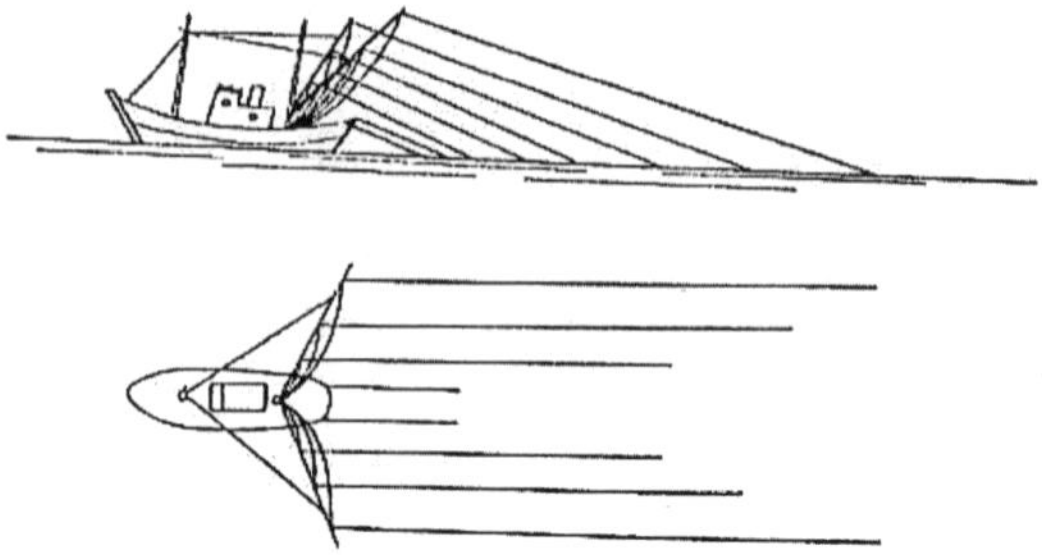

図 3-12　曳き縄漁業

を誘ったり、一定の水深に擬餌針を沈めたりすることもある。

一隻の船が一度に曳く擬餌針の数はふつう四、五本であり、多い場合は一二、一三本である。漁具が少ない割に燃料油代がかさむので、値段のいい大型の魚を狙い、マグロ、カツオ、カジキ、サメ、ブリ、サワラ、サケ、マス、サバ、シイラなどが目標となる。

曳き縄漁そのものをメインとせず、他の漁を行うための漁場への往復時に副次的に曳き縄漁を行う場合も多い。

6、世界のマグロ漁業――主流はまき網漁業

ツナ缶を製造するパースセイナー

世界的にみるとマグロ漁獲量の大部分はまき網漁業で獲られている。主にはキハダとカツオであり、ツナ缶の原料

となる。近年はおよそ二五〇万トンのカツオとマグロが缶詰用にまき網で漁獲されている。

まき網漁は前述したようにアメリカ起源である。アメリカ式キンチャク網の別名もある。アメリカは一九四〇年代にはすでに東太平洋でキハダやカツオを缶詰原料として漁獲していた。

このアメリカ式まき網船を英語でパースセイナーと呼ぶ。まき網はパース・セインであり、パースはガマ口のお財布、セインは網のことである。日本語のキンチャク網は直訳である。一〇〇〇トンクラスのまき網船は幅もあり、居住空間も広い。さらにブリッジの上には魚群発見用の小型のヘリコプターを搭載しているものもある。

イルカとメバチの混獲問題

東太平洋でアメリカは主にキハダを漁獲していた。この海域にはイルカが多く、キハダの魚群はイルカの群れについて遊泳するので、水面を泳ぐイルカの群れを目標にキハダの群れを発見し、巻き上げる漁法が行なわれた。

しかし、これは環境保護団体の非難を受け、イルカと行動をともにしない群れを漁獲の対象とするようになった。またマグロの群れが漂流物につく性質を利用して人工イカダを作り魚群を集める方法が開発された。この人工漂流物をＦＡＤ（Fish Aggregating Device：集魚装置）、日本語では「人工浮き魚礁」と呼ぶ。

この方法でイルカの混獲は削減されたが、ＦＡＤにつくキハダは幼魚でメバチ幼魚と群れを作る性質がある。大型になるとキハダとメバチはそれぞれ分かれて群れを作るようになる。つまり新たな問題として、このＦＡＤ操業を行なうと小型のメバチも同時にとってしまい、結果としてメバチ資源の減少を導くことになった。

このイルカとメバチの混獲問題を避けるため、アメリカのまき網業界はアメリカ領サモアに缶詰工場を建てるとその近海に進出し、新たな漁場とした。最近は日本のまき網船が主な漁場としているフィリピン沖の海域にまで進出している。

スーパーパースセイナー

大西洋ではスペイン、フランスがアフリカのギニア湾を主な漁場としてまき網漁業を行なっている。近年、両国はインド洋や太平洋にまでその船団を派遣している。また東部太平洋ではエクアドルもまき網漁場の基地となっている。

これらの国は巨大なまき網船を建造しており、これをスーパーパースセイナーという。この船は数千トンの大きさで、船内の居住性はホテルのようである。またブリッジには数

図3-13　スーパーパースセイナー
(Albatun Dos号の操業 http://www.thonier-senneur.net/)

十台のコンピュータを備えており、何基ものFADを持っている。このFADにはソーナーと衛星発信装置が取り付けられており、FADについたキハダの群れの大きさをソーナーで測り、衛星経由で母船に情報を送信するようになっている。

この装置のおかげで洋上の母船は、動かずに自らが設置したFADにどれだけのキハダがついているのかわかるのである。あとは最も効率的にFADについたキハダを収獲していくだけである。このように巨大なスーパーパースセイナーは高度に改良されたハイテク船なのである。

7、養殖マグロの発達

日本におけるマグロ養殖は一九七〇年の水産庁事業としての試験研究から始まる。これはクロマグロの幼魚を天然から採取し大きく育てて販売するという技術であった。

卵から親を育てて、その親から種苗を得る完全養殖技術は二〇〇二年に近畿大学によって成功をみたが、人工種苗の量産技術はいまだ完成していない。現状では種苗はクロマグロの幼魚を天然から採取し、供給している。その生産量は二〇〇六年で約四〇〇〇トンである。

日本の消費者のトロ嗜好とともに、日本のほかにもメキシコ、地中海、オーストラリアなどでそれぞれクロマグロ、大西洋クロマグロ、ミナミマグロの蓄養が行なわれている。これら地域では比較的短期間の養成を行い、魚を太らせて肉に脂をつけて市場に販売される。

この短期間の養殖は幼魚から飼育して大きく育てる養殖と区別して蓄養と呼ばれることが多い。ただしこの養殖と畜養を区別しているのは業界であり、日本のJAS法に従えば、両方とも養殖と呼ばれる。

二〇〇六年時点での生産量はおおよそでメキシコが五〇〇〇～一万トン、地中海で二、三万トン、オーストラリアが一万トンである。

第4章　マグロの生産と流通

1、人間はどのようにマグロを利用してきたのか

人間は太古の昔からマグロを利用してきた。日本でも縄文時代の貝塚からはマグロの骨が発掘されているし、それを漁獲したであろう漁具である銛先や大型釣り鉤も出土している。大量に利用し始めたのは漁具及び漁法が発達した江戸時代からである。

冷凍設備のなかった江戸時代には腐敗を防ぐため、冬期を除いては塩蔵品としての塩マグロとして流通し、あるいはしょう油で漬込んだ「ヅケ」として保存されていた。江戸時代中期以降は刺身としての生鮮での流通も広がり、江戸の庶民は「初ガツオ」を食べるために大金を投じたようである。

ヨーロッパにおいても古代ローマ時代から地中海でクロマグロを利用していた記録が残っている。

一九世紀の終わりから二〇世紀にかけて、遠洋漁業が発展期を迎えるとサケマス、カニ、マグロなどのさまざまな水産物が缶詰として西欧に供給された。この時期日本にとって遠洋漁業は貴重な外貨を稼ぐ花形産業であり、北洋サケマス漁業や母船式カニ漁業などが発展した。日本政府としても明治三〇年（一八九七年）に遠洋漁業奨励法が実施され、積極的に遠洋漁業の奨励に乗り出した。

マグロも例外ではなく昭和四〇年代に漁船に超低温冷凍設備が整うまでは、冷蔵で水揚げされたマグロは缶詰原料として輸出されていた。ところが昭和四〇年代後半にはアメリカのドル防衛や自国製品の増大などでアメリカへの輸出が先細る状態となった。さらに昭和四〇年、五〇年代になると国内のコールドチェーンが整い、遠洋漁船も超低温冷凍庫が装備されて、国内生食向け、いわゆる刺身マグロの生産が本格化する。

一方、一九七〇年代から缶詰原料のためのまき網の漁獲が世界的に急速に増加し始める。一九七〇年代には五〇万トンレベルであったまき網の漁獲量は二〇〇〇年代には二五〇万トンにせまる勢いである。全世界のマグロ缶詰生産量も一九七六年の約五〇万トンから二〇〇四年にはおよそ一五〇万トンに増加している。

2、世界のマグロ需要と生産量──ツナ缶と刺身市場、カツオ節市場

世界のマグロ漁獲量

ここでは現代のマグロ漁業の推移についてみてみよう。データソースはＦＡＯで収集している一九五〇〜二〇〇七年までの世界の主要マグロ類（クロマグロ、ミナミマグロ、ビンナガ、メバチ、キハダ、カツオ）の漁獲統計である。

世界のマグロ漁獲量は一九五〇年以来、順調に増加しており、特に一九七〇年以降、急激に増えている。例えば一九五〇年には世界中で五〇万トンに満たなかった漁獲量が一九七〇年代には一〇〇万トンを超え、二〇〇〇年以降は四〇〇万トンを超えるといったように、実に八倍に増えている。一九七〇年代と比べても四倍である。

これを国別にみると、日本の漁獲量はいまだ世界第一位であるとはいえ、一九八四年に約七六万トンのピークに達した後はしだいに減少し、二〇〇七年は約五〇万トンとピーク時の三分の二まで減少した。

図4-1にマグロの漁獲量上位一〇カ国を示したが、かつて上位を占めていた先進国が姿を消し、インドネシア、フィリピン、パプアニューギニア、エクアドル、モルジブなど

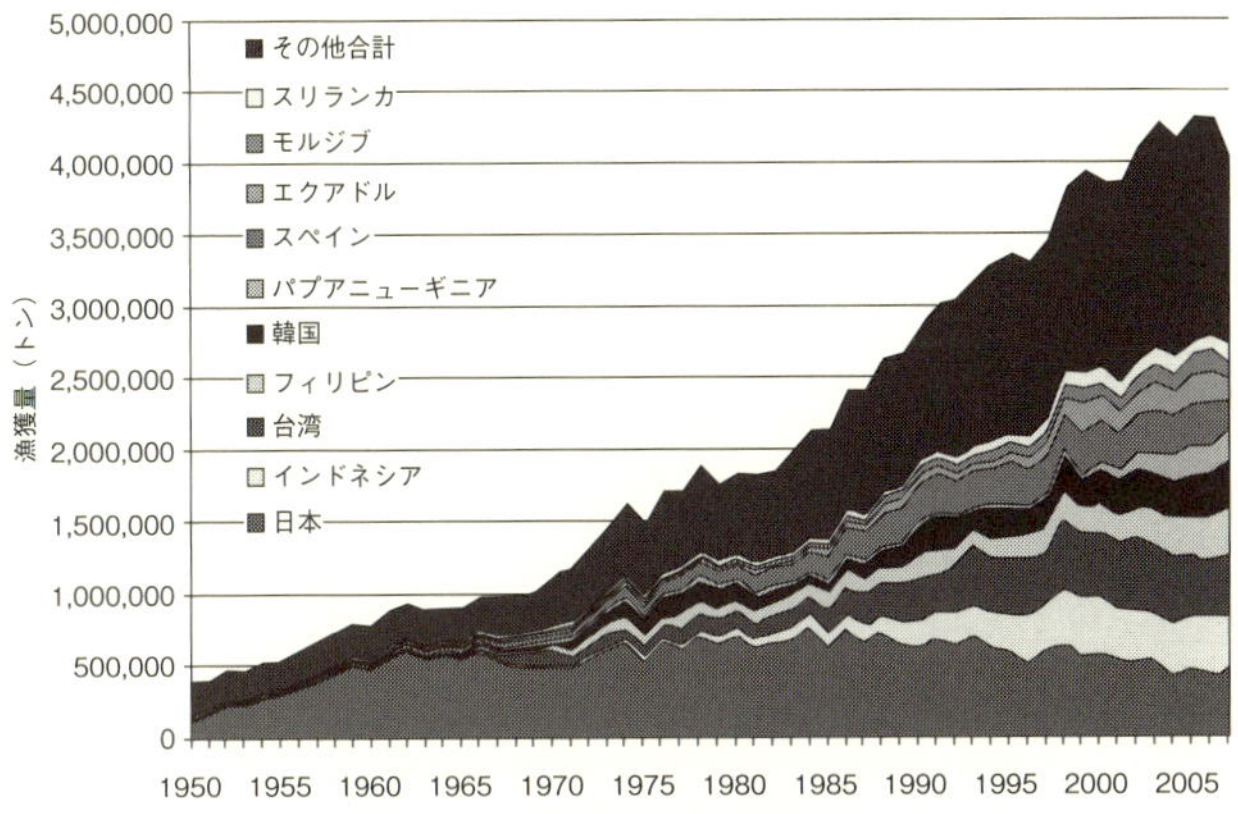

図4-1　世界のマグロ漁獲量
世界の主要マグロ類（含カツオ）の国別漁獲量の推移（1950〜2006）

の途上国が漁獲量を急増させている。この他にもイラン、パナマ、中国、タイ、セーシェル、バヌアツなども同様な傾向にある。先進国の漁獲量は、特にアメリカの減少が著しい。

これら途上国は後述するように、主に太平洋でまき網漁法で缶詰原料のカツオ、キハダを漁獲している。このマグロ漁獲量の増加と缶詰市場の増大は密接に関連している。

この途上国によるマグロ漁獲量の増加は、先進国では人件費が高く、もはやマグロ漁業がビジネスとしてうま味のある商売ではなくなって来ているのかもしれないし、あるいは先進国の厳しい漁獲規制を嫌って、資本が途上国に逃げているのかもしれない。

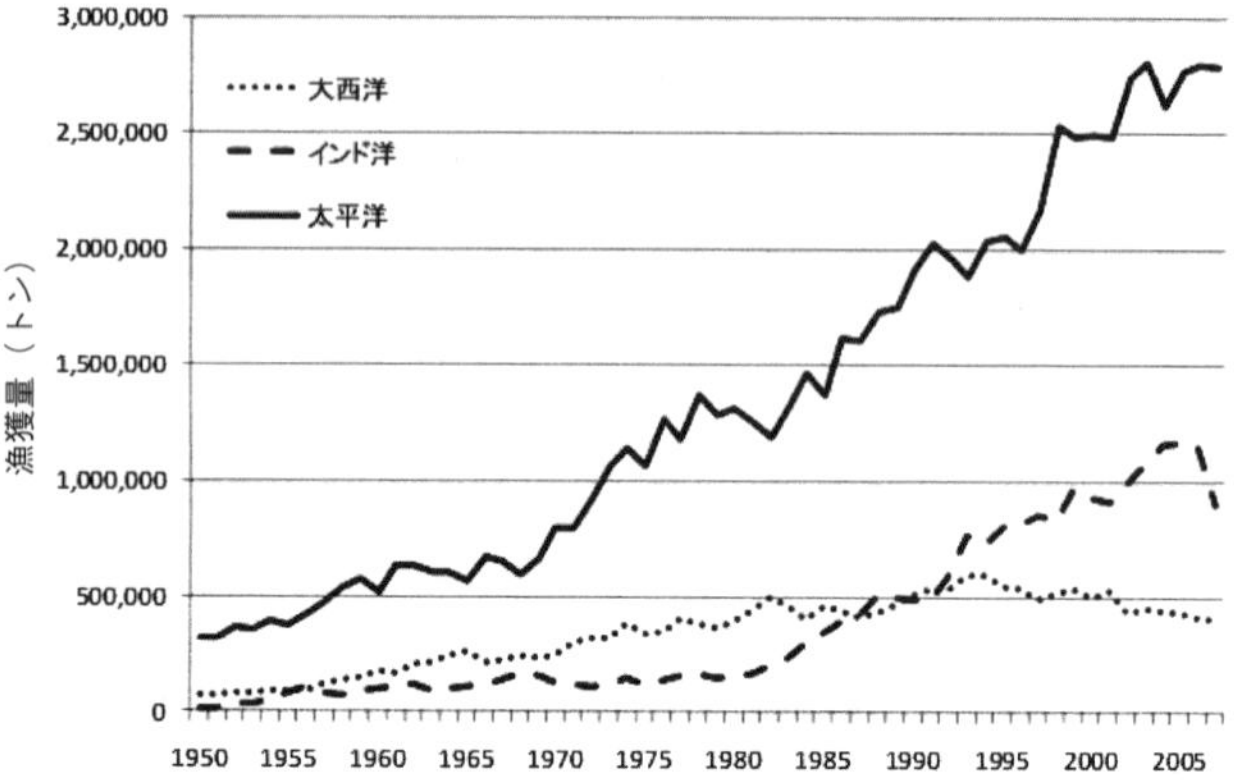

図 4-2　最も漁獲量の多い太平洋
世界の主要まぐろ類（含カツオ）の大洋別漁獲量の推移（1950〜2006）

最も漁獲量の多い太平洋

マグロの漁獲量を太平洋、大西洋、インド洋の大洋別に見てみると、太平洋の漁獲量が一九五〇年当初から他の水域を圧倒し、その後も直線的に増加している。さらに一九七〇年代以降は急速に増加しており、近年は三〇〇万トンに迫っている。

大西洋での漁獲は比較的低く、最大で一九九四年の約五八万トンであり、その後アフリカ沖合ギニア湾におけるまき網漁業の規制もあって、減少に転じた。インド洋の漁獲は他の大洋より少なかったが、一九八〇年代の後半から急増して一九九二年には大西洋を追い越し、近年一〇〇万トンに達していたが、二〇〇七年は各国が海軍などを派遣しているソマリア沖で発生した海賊問題などで遠洋国の漁船が他の海域に逃げたために減少した。

いずれにしても、世界のマグロの漁獲量が急激に増加しているのは、太平洋における漁獲が急速に増えているのがその主な原因である。

漁獲が増えているのはカツオとキハダ

マグロの漁獲量の推移を種類別に分解すると、温帯性のマグロ類（クロマグロ、ミナミマグロ、ビンナガ）は漁獲量が低迷する一方で、熱帯性のマグロ類、特にカツオの漁獲量が著しく増加している。メバチとキハダも二〇〇三年ごろまでは増加を示したが、その後はやや減少ぎみである。

カツオの年代ごとの平均漁獲量は一九五〇年代に二〇万トン、一九七〇年代には六〇万トン、一九九〇年代に一六〇万トン、二〇〇二年以降の平均が二二〇万トンと、過去約六〇年間で一〇倍以上に増加している。最近のカツオの漁獲量は、カツオ以外のマグロ類五種の合計の漁獲量と同じくらいか、それ以上であり、その漁獲量がいかに多いかがわかる。

一方、キハダの漁獲量は一九五〇年代に一五万トン、一九七〇年代には四九万トン、一九九〇年に一一〇万トン、二〇〇二年以降は一三〇万トンと、カツオにはおよばないもの

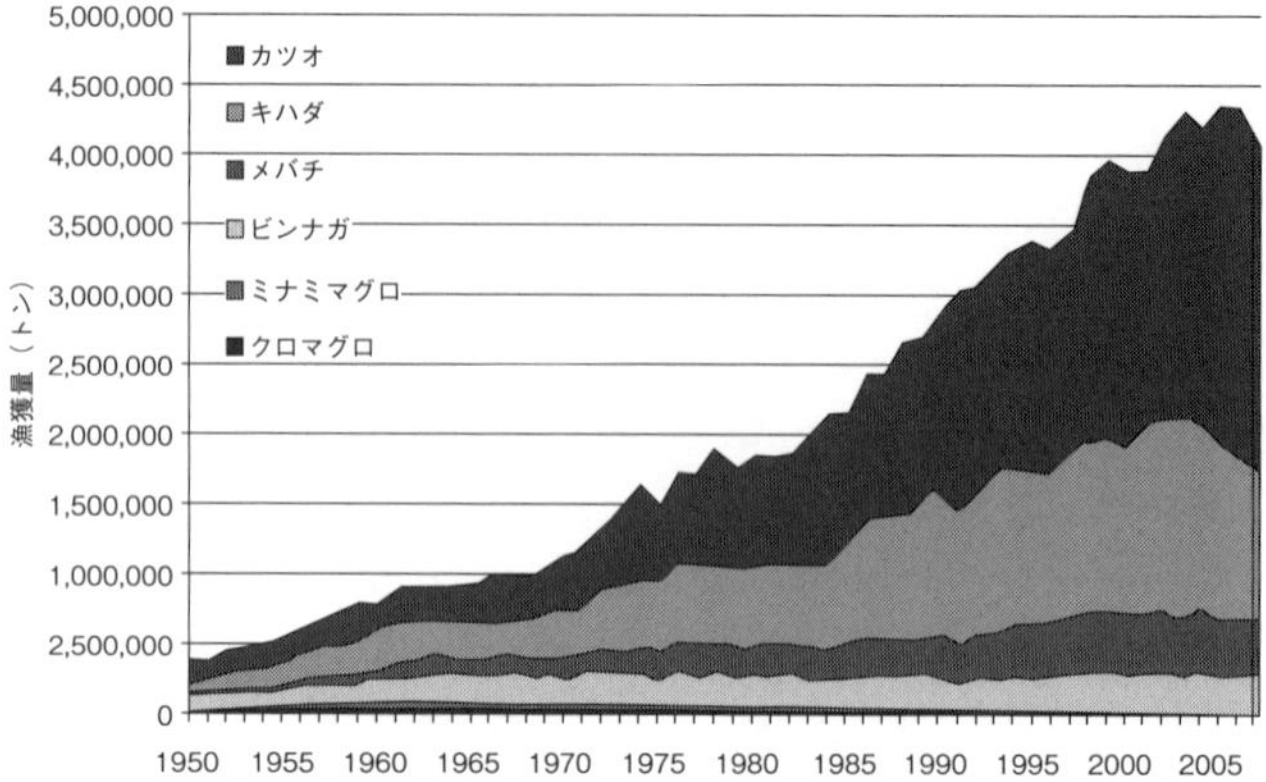

図 4-3　漁獲が増えているのはカツオとキハダ
世界の主要マグロ類（含カツオ）の魚種別漁獲量の推移（1950〜2006）

の、約五〇年間で九倍の増加を示している。

マグロ類を漁獲する主な漁業は、はえ縄、竿釣り、まき網漁業などであるが、このマグロ類の漁獲量の増加は、一九八〇年代以降のまき網漁業の漁獲量の増加が要因である。

まき網漁業の漁獲量は、その他の漁法による漁獲量がそれぞれ五〇万トン前後であるのに比べて、二〇〇五年には二七〇万トンに達している。実に五倍以上である。この漁獲量の増加は漁船数の増加に加えて、一九九〇年に入って盛んになった人工浮魚礁（FAD）を使用する操業方法（魚群を見つけるのが簡単で効率的かつ大量に漁獲できる）が大きく影響している。

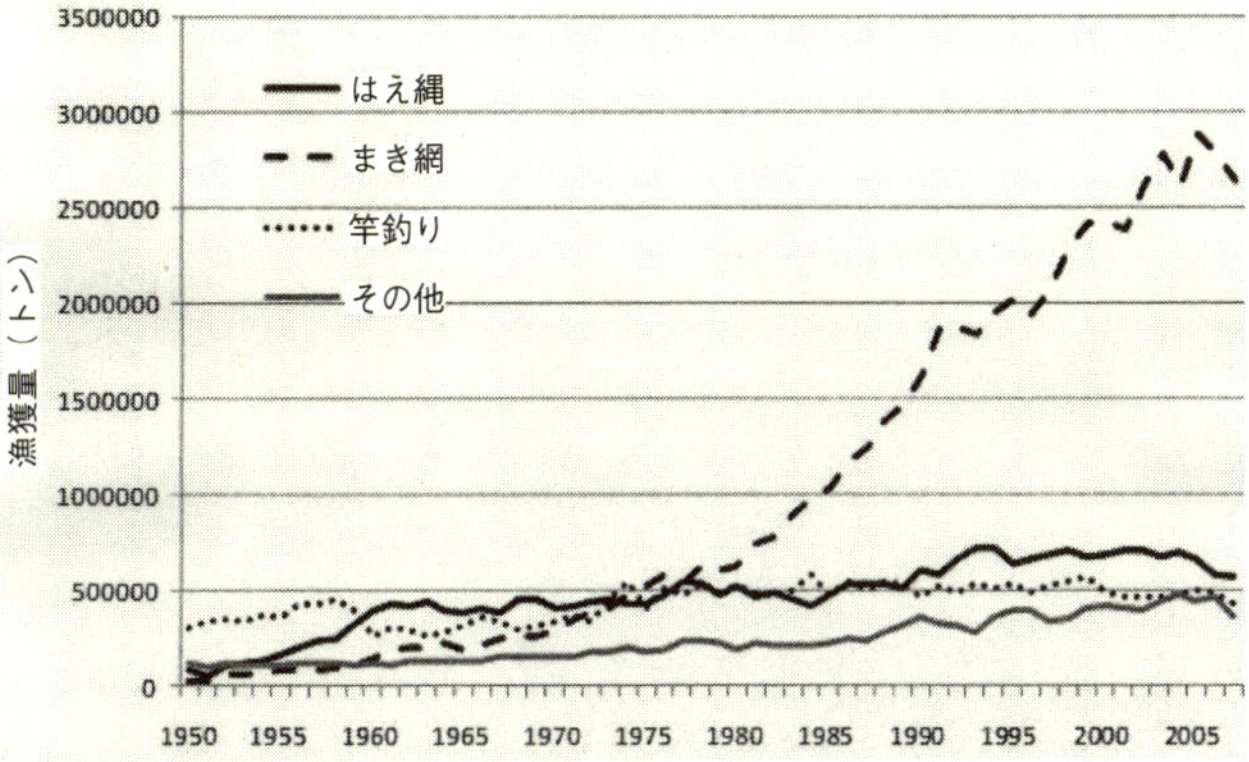

図 4-4　世界の主要マグロ類の漁法別漁獲量（1950～2006）

缶詰市場

マグロ類の主な市場は、日本の刺身市場、カツオ節市場、北米、ヨーロッパの缶詰市場である。海外ではマグロの消費形態は圧倒的にツナ缶であり、その需要は増加している。缶詰の生産はますます増加傾向にあり、マグロ缶詰総生産量は全マグロ漁獲量の三分の二に相当する。

マグロ缶詰総生産一五八万トンのうち、第一位（二五パーセント）の生産がタイによって行われており、次いでスペイン、アメリカ、エクアドルと続き、日本は第一〇位にランクされている。マグロ缶詰生産量第一位のタイは、自国周辺での小型マグロ類の漁獲はあるものの一〇万トン程度であり、その六倍以上の八〇万トン弱を台湾、バヌアツ、日本、韓国などから輸入しており、さながら世界のツナ缶製造工場と化している。

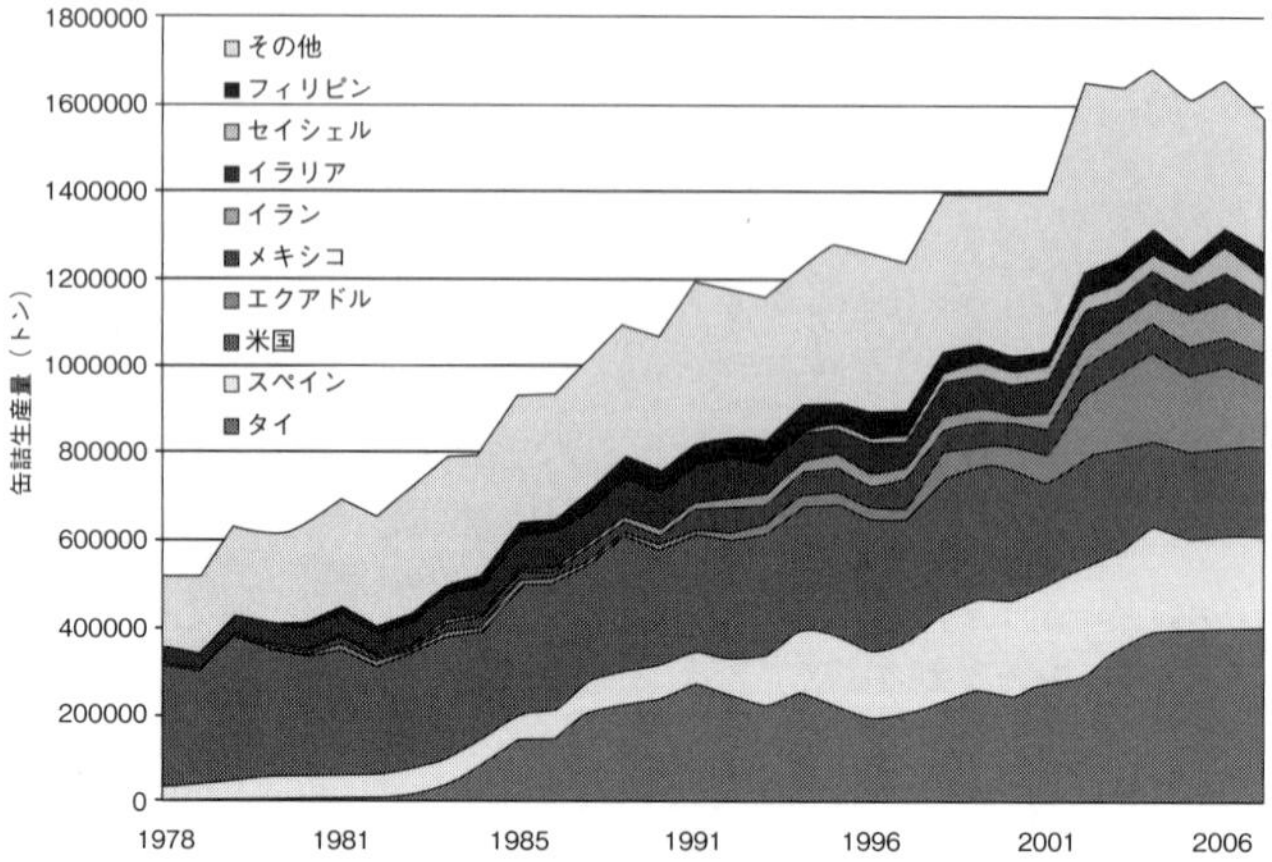

図 4-5　缶詰市場
国別マグロ類缶詰生産量の動向（FAO Fish Stat）

海外の刺身市場

刺身用のマグロは日本の高単価市場を目指して世界中から集まっている。一方、健康食ブームや寿司人気の高まりにより、アメリカやヨーロッパでのマグロの寿司や刺身の消費がアメリカやヨーロッパで急速に拡大しつつある。

ＯＰＲＴ（責任あるマグロ漁業推進機構）の推定によれば、海外での生鮮マグロ類の消費は着実に増加しており、アメリカ、韓国を筆頭に合計で六万トン弱から九万トン強の潜在市場があるものと見積もられている。

米国	30,000〜50,000
ヨーロッパ連合	4,000〜8,000
韓国	15,000〜20,000
台湾	5,000〜8,000
中国	4,000〜6,000
合計	58,000〜92,000（トン）

表 4-1　海外の刺身市場

3、日本のマグロ需要

日本のマグロ漁業の漁獲量

日本のマグロ漁業による漁獲量は世界でも大きな割合を占めていたが、一九八四年をピークに減少している。漁獲量をマグロの種類ごとにみると、世界の漁獲傾向と同じように一九七〇年以降はカツオが漁獲量の中の割合を増加させ、特に一九八〇年代以降は半分近くかそれ以上を占めている。

漁獲量を太平洋、大西洋、インド洋の大洋別にみると、太平洋は二〇〇七年に約四〇万トンの漁獲があったが、インド洋は五・四万トン、大西洋は三・七万トンであり、太平洋での漁獲量が圧倒的に多い。近年では全体の八四パーセント（二〇〇五〜二〇〇七年の平均値）を占めている。しかし、その太平洋での漁獲量も一九八四年をピークに減少傾向にある。

しかし、生産金額はカツオの魚価が安いこともあって、メバチ、

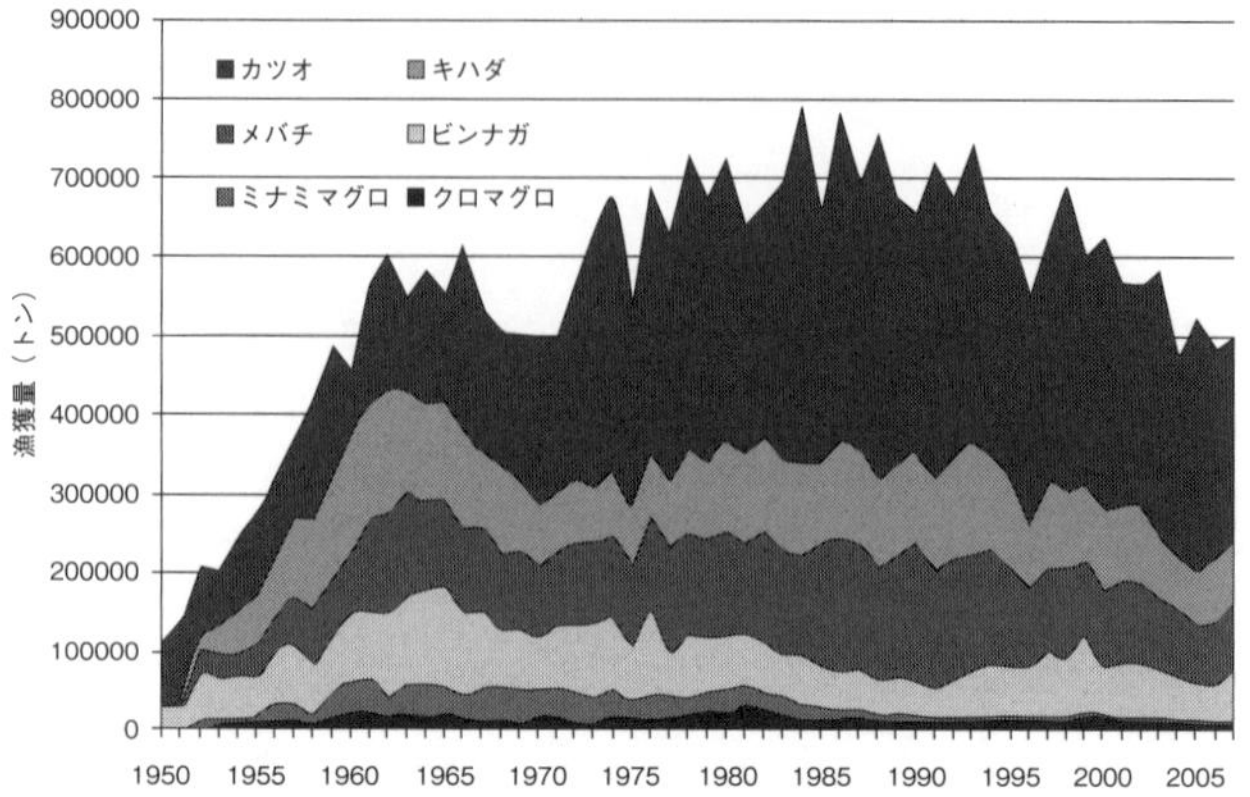

図 4-6　日本のマグロ漁業の漁獲量
魚種別、全大洋における日本の漁獲量の推移（1950〜2006）

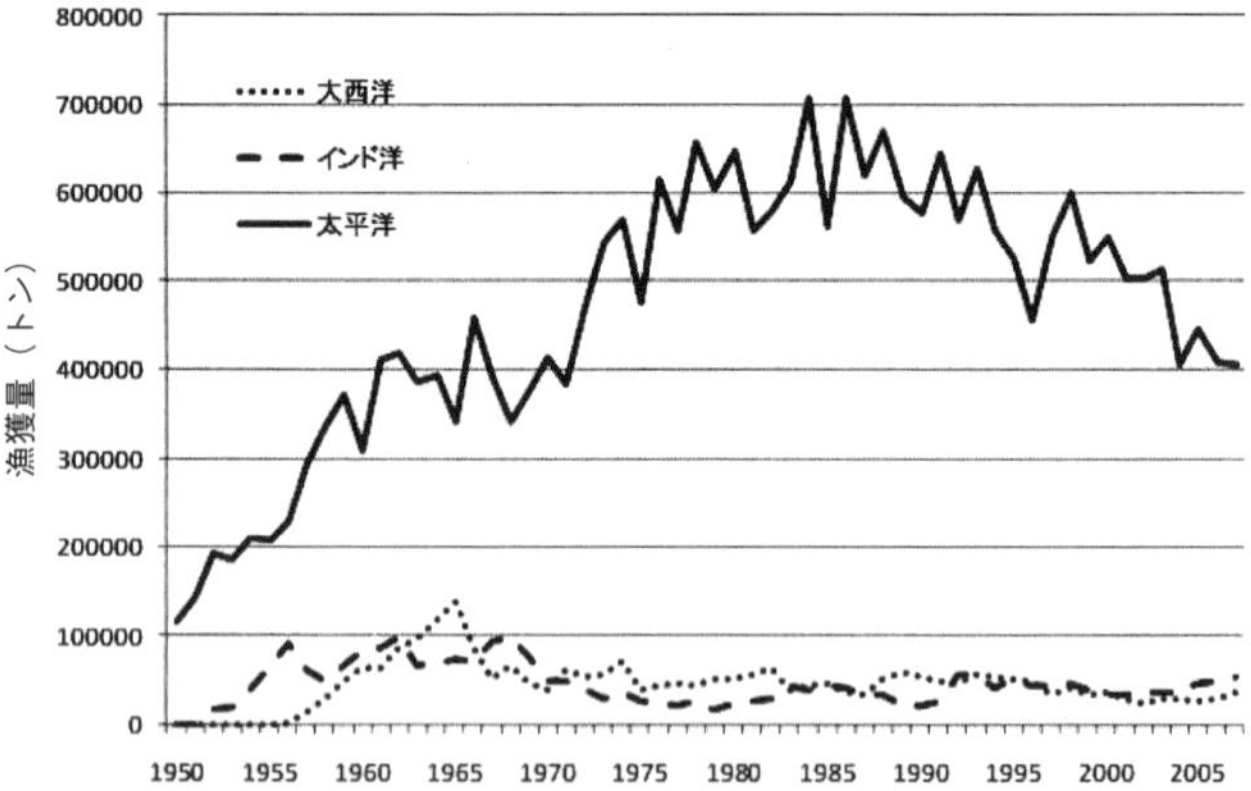

図 4-7　日本のマグロ漁業の漁獲量
日本の主要マグロ類（含カツオ）大洋別漁獲量の推移（1950〜2006）

カツオ、キハダの順になっている。人気の高く魚価の高いクロマグロやミナミマグロは資源の減少により管理措置が導入されたため、漁獲量が減少し、生産金額も低迷している。

日本の刺身マグロ市場

日本には漁獲したマグロを利用するための刺身市場が存在し、マグロ類の利用方法としては刺身、カツオ節、缶詰の順である。刺身用のマグロは単価が高く取引されるので、世界中で漁獲されたマグロが日本の刺身市場を目指して集まってくる。

日本への輸入量（カジキ類を含む）は一九八〇年には一〇万トン以下であったが、その後二〇〇二年の四四万トンまで急速に増加した。その後やや減少し、二〇〇七年の輸入量は三一万トンであった。

この輸入されたマグロは製品形態として、三枚おろしのフィレーや四つ割にされたロインが多く含まれている。これを比較のために元の原魚重量で考えてみると重さとして二割程度の過小評価になっていると考えられる。

したがって、マグロ市場への供給量を原魚換算すると、日本の漁獲量である約五〇万トンに輸入量の二割増しの四〇万トン弱を足した合計約九〇万トンである。このうち刺身としての消費される量は、カツオ節として消費されるカツオを除いた量であり、近年は六二

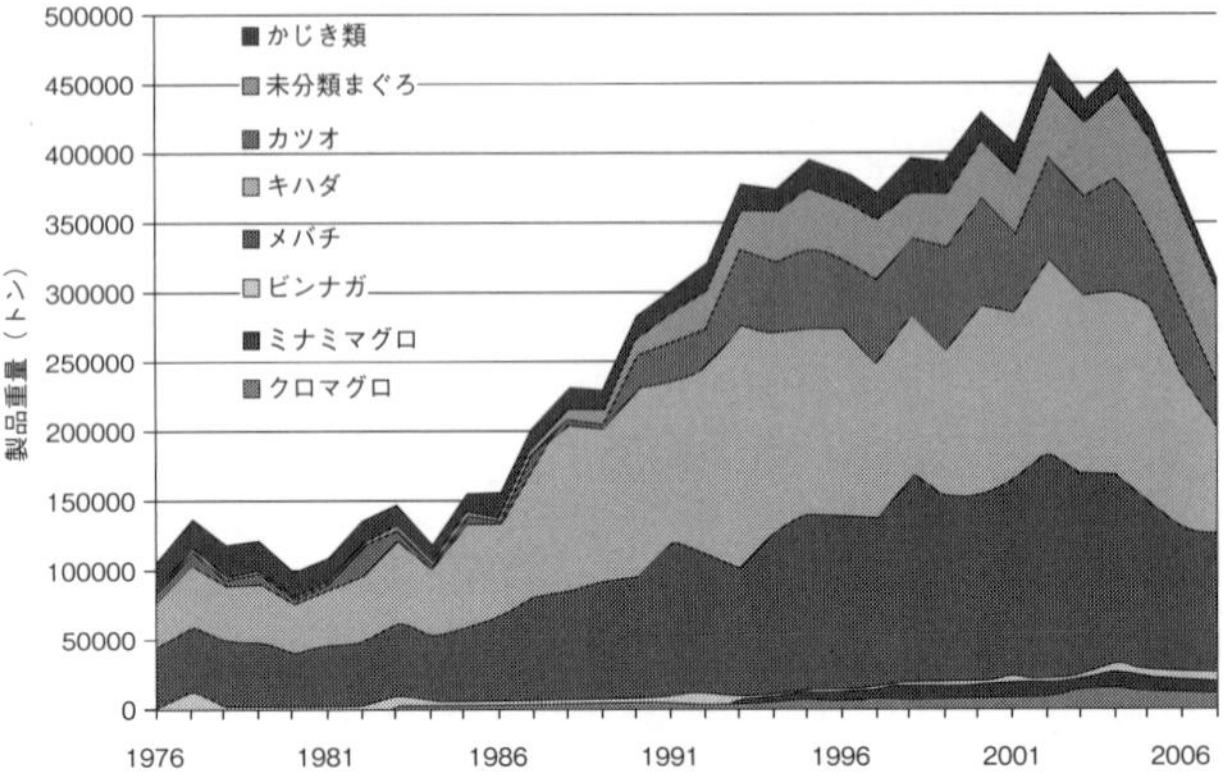

図 4-8　日本の刺身マグロ市場
日本に輸入されるマグロ・カジキ類の経年変化。製品重要で示す

万トン（一人あたりの年間消費量は五・二キロ）である。残りの約三〇万トン近くは缶詰や鰹節、だしなどの調味料の原料として使われている。

養殖マグロの供給量

マグロの養殖は一九九〇年代の終わりころから始まり、二〇〇〇年代になって盛んになり、オーストラリア、地中海、メキシコで行われているが、近年では日本の養殖生産量も増加してきた。養殖されているのはオーストラリアではミナミマグロ、地中海では大西洋クロマグロ、メキシコと日本では太平洋クロマグロであり、価格の高い温帯マグロが養殖の対象である。

　これらの養殖マグロは日本の消費者のトロ

嗜好とともに、その大部分が日本に輸出されている。その出荷量は二〇〇六年で約四万五〇〇〇トンと見積もられており、その内訳は、地中海が二万～三万トン、オーストラリアが一万トン、メキシコが五〇〇〇～一万トンである。また日本の養殖マグロの生産量は四〇〇〇トンである。養殖マグロは餌や飼育方法などで自由にトロの部分を作ることができるといわれている。また市場価格をにらみながら供給することができる戦略的な商品でもある。現在では養殖マグロは日本でも一般的な食材となってきており、スーパーや回転すしなどでもかなりの量が流通していることで実感できる。

4、市場から消費者まで

輸入商材としてのマグロ

前述したように日本人は江戸時代から多くのマグロを利用してきたが、冷凍冷蔵設備のない当時、明治期までは冬期を除いて主に塩蔵によって流通されていた。大正時代に入り、交通輸送手段、製氷技術の開発、冷蔵設備の整備などにより、ようやく鮮魚としても一年中利用されるようになった。

さらに昭和に入ると、冷凍品、缶詰などの加工品としての利用が普及してきた。特に北洋漁業やサケマス漁業などと同様に輸出品、外貨獲得の手段としての缶詰の生産が盛んになり、政府の政策的な後押しもあって、太平洋戦争の前後を通じて多くのマグロが缶詰原料として漁獲された。日本人にとってマグロは昭和三〇年代まで、国内消費用の鮮魚としてよりもアメリカ向けに缶詰原料として冷凍魚で輸出するか、缶詰製品に加工して輸出するのが大部分を占めていた。

例えば、量的には昭和三五年のマグロ類の漁獲量約四七万トンに対し、加工向けが七割、生鮮、その他が三割であった。加工向けの中では冷凍が三四パーセント、缶詰用が一七パーセントであり、この二品目は輸出用の品目であり、加工用マグロの半分を占めていた。

しかし昭和の四〇年代、五〇年代になると冷凍マグロ、缶詰の輸出は徐々に減少し、鮮魚としての国内の消費が増えてゆく。これは輸出用のアメリカ市場がドル防衛や自国製缶詰めの増産などで縮小化していったこと。また韓国や台湾がマグロ漁業に進出しアメリカへの輸出をしている日本の地位を脅かすようになったことも大きい。一方、日本は高度経済成長期にあり、生食用生鮮マグロの流通網が整備されていくにしたがって、刺身マグロの消費が伸びていった。

国内刺身市場の拡大

この生鮮マグロの国内における消費の伸びは統計数値にも表れている。年間の世帯あたりの生鮮マグロ消費量は、昭和四〇年代初期ごろまでは一・四〜一・五キロだったものが、四〇年代の末には三キロ近くに増加し、五〇年代には四キロに近づいた。ちなみに近年（二〇〇七年）の世帯あたり生鮮マグロ消費量は五・二キロである。この生鮮マグロの消費拡大はすし屋の店舗数にも現れ、昭和四〇年代から五〇年代にかけてすし屋の数は二倍に増加し、売り上げは六倍余に伸びている。

超低温冷凍設備の開発と普及

またこの時期、昭和四〇年代の終わりに超低温冷凍設備が開発され、遠洋マグロはえ縄漁船に搭載された。それまでの冷凍設備はマイナス二〇度程度でしか凍結できなかったものが、マイナス四〇、五〇度で冷凍できるようになった。

マイナス二〇度程度ではマグロ肉中のミオグロビンが時間がたつと酸素と反応してオキシミオグロビンからメトミオグロビンへと酸化し、肉食は褐色または黒褐色へと変化してしまい刺身商材としては流通できない（これをメト化という）。このメト化はマイナス三五度より低い温度では著しく抑制され、六カ月の貯蔵後も良好な肉質を保持できる。

このため現在のように刺身が全国的に流通するようになるためにはマグロをマイナス三五度以下で貯蔵できる冷凍設備と同じ能力を持ったコールドチェーンが必要である。これが四〇年代から五〇年代にかけて国内に形成されていったのである。また同様な冷凍設備を持ったマグロはえ縄漁船も急速に普及していった。これによりマグロ船の航海期間は一年を超えて長期化し、マグロ漁業の経営には多額の運転資金が必要になった。

マグロの「一船買い」取引

このような背景を受けて巨大商社による「一船買い」と呼ばれる買い付け方式が一九七〇年代に本格化した。一船買いはこれまでのように魚市場に魚を並べて一本一本セリ落としていくような方法ではなく、商社がマグロ船一隻の漁獲物すべてを買い付ける方法である。

買い付けには事前に船から全漁獲物について種類、数量、漁獲海域などの情報を商社に連絡し、船主と商社の間で取引金額について折り合いがつけば、商社がすべての漁獲物を買い取るという方法である。

この「一船買い」が普及した原因について、ひとつには冷凍設備の普及により船側にとってマグロが種類、大きさ、数量などがそろえられる規格商品として扱えるようになったこと。また、船主が商社と相対取引を行うことにより、それまでのセリのように委託販売でなく、直接売買に関与できるようになったこと、商社としても当時マグロは生鮮としての消費が伸びつつある状況にあり、確実な需要に支えられた有利な商品であったこと。冷凍品として長期保存が可能なため市場の変動によるリスクを回避できることなどが要因と考えられる。

さらには、冷凍設備の発達によりマグロ漁の航海が一年を超すようになり、船主としても多額の費用を必要としたことから、商社との結びつきと確実な取引が運転資金を捻出するのに優位に働いたことも挙げられるだろう。

日本一のマグロ水揚げ港清水の出現

この一船買いの出現により、従来までの流通に変化が生じた。ひとつには水揚げ港が変化したことである。それまで焼津、三崎、東京（築地）がマグロの主な水揚げ港であったが、買い付け業者である巨大商社が持つ冷凍倉庫のある静岡県の清水港などがマグロの新たな水揚げ港としてその地位を高めてきた。特に清水港は現在マグロの水揚げ日本一の港である。

二つめの変化は巨大商社により買占めが進行し、これら商社の超低温冷凍庫の在庫によ

図 4-9　日本一のマグロ水揚げ港清水の出現
(http://gyoyu.shop-pro.jp/?mode=f1 天然マグロの魚友 HP)

る出荷調整や価格操作が強まった。これについては「マグロかくし」「マグロころがし」などとしてかつてマスコミに取り上げられた。さらにはマグロの流通について消費地市場を経由せずに量販店や回転すしチェーン店などに直接販売するルートが形成された。

次世代のマグロ流通は？

このように超低温冷凍設備の技術開発はマグロの新たなニーズと巨大商社の関与、一船買いという新しい流通ルートを創出した。その上、九〇年代後半から新たに出現した養殖マグロと超低温コンテナ輸送はさらに新しいマグロの流通システムを創設しマグロ市場をめぐる構造に変化を与えつつある。

養殖マグロの流通に関してはこれまでの冷凍マグロのように巨大資本のシェアが大きくなく、良い意味でいろいろな業者に分散している。このことが少ない数の巨大資本が大きなシェアを占めていた寡占的なマグロの流通体制に変化をもたらすと期待されている。

超低温コンテナ輸送とはマイナス六〇度を保てるコンテナにマグロを入れて小口輸送を可能にしたものである。コンテナにはさまざまな大きさがあり多様な小口輸送に対応できる。この普及により一船買いが必要なくなる可能性がある。するとかつての産地仲買人や加工業者などがマグロ取引に再び参入する可能性があり、結果として巨大資本の寡占状態が緩む可能性を秘めている。

図 4-10　超低温コンテナ
（http://www.container-ichiba.jp/ultra.php コンテナ市場 HP）

５、海洋汚染とマグロ

マグロと水銀問題

もともと海水中には生物にとって有害なメチル水銀が存在しているが、生物体内の残留濃度は食物連鎖の高位に位置するものほど高くなる。二〇〇一年アメリカの食品医薬局（ＦＤＡ）は魚類の残留水銀濃度に関するガイド及び魚類の摂取に関する勧告を発表した。

それによれば、妊婦や妊娠する可能性のある女性はサメ類、メカジキ、タイルフィッシュ（アマダイの仲間）など比較的高濃度のメチル水銀を含む大型魚類は摂取しないほうが良く、小型魚類を摂取する場合も一週間に一二オンス（約三四〇グラム）以下にしたほうが良いと勧告している。

アメリカではメカジキがステーキなどで多く消費されている。メカジキの残留水銀の多さは以前から知られており、アメリカでは九〇年代にも同様な指摘がされていた。

このような事情を受けて、日本でも厚生労働省が二〇〇三年に「水銀を有する魚介類の摂食に関する注意事項」を発表した。内容はサメ類、メカジキ、キンメダイ、クジラ類の一部に残留水銀濃度が高い種類があり、胎児に影響をおよぼす恐れがあることから、妊婦は多くの量をあまり頻繁に摂取しないほうがよいというものであった。

ところが二〇〇四年にＷＨＯとＦＡＯの合同委員会が魚介類に残留する人体に有害なメチル水銀の濃度の見直しを行い、欧米各国がこれを基に基準値を定めたため、厚労省はこれを追う形で、二〇〇五年に「妊婦への魚介類摂取と水銀に関する注意事項の見直しについて」を公表した。

妊婦は残留水銀に注意

これは国内三八五種、国外一六五種の魚類についての検査結果から、水銀含有量が比較的高い種類について、妊婦が食べても良いとされる量や頻度を定めたものである。二〇〇三年に出された「注意事項」で指摘された種類はメカジキ、キンメダイ、サメ類、クジラ類であったが、二〇〇五年の見直しでは初めてマグロ類が含まれた。

マグロについての注意はどのようになっているのだろうか。厚生労働省の注意事項によると、妊婦が食べても安全とされている量は、一回あたり八〇グラム食べるとしてクロマグロ、メバチは週一回、ミナミマグロは週二回までである。キハダ、ビンナガ、メジマグロ（クロマグロ幼魚）、ツナ缶は摂取量については量を制限する必要はないとして、特に基準を設けていない。

この一回あたり八〇グラムというのがどれほどの量にあたるかであるが、すし一貫あたりのマグロの切り身は一七グラムとされ、二貫なら三四グラムである。鉄火丼ではおよそ一〇〇グラムといわれている。

この注意事項で触れられている数値はあらかじめある程度の安全係数を盛り込んだ数値であろうし、注意事項は特にメチル水銀の影響の大きい胎児を考えて妊婦にあてたものとなっている。さらにこれまで魚介類の日常的な摂食による健康被害は報告されたことがなく、この注意事項は予防的なものと考えてよいかもしれない。またマグロ肉中のセレンにはメチル水銀を無毒化する作用があるといわれている。

第5章 マグロ生産の未来——養殖でマグロはまかなえるのか？

1、世界の養殖事情

マグロ養殖は「トロ」を生産する世界的なビジネス

日本人のマグロ好きは世界中でつとに有名だが、今日では依然として日本の消費が最も多いものの、かつてのようにマグロの寿司や刺身を食べるのは日本人だけという状況は変化し、いまや世界中で消費されている。例えばアメリカの人気連続テレビ番組のBONESに主人公が、ディナーに「トロ」を食べに行こうという台詞が登場するくらい「トロ」はアメリカでも通用する言葉となっている。

約四年前の鳥インフルエンザや狂牛病の騒動は記憶に新しいが、畜肉の安全性の問題に加えて、世界的な健康志向の高まりから、健康に良いとされる魚食がアメリカ、ヨーロッパをはじめ世界中に広まっており、「トロ」を寿司や刺身で消費する人々が世界中で増えてきた。二〇〇八年のリーマンショックに端を発したグローバルな景気後退は、マグロの消費にも影を落としているが、トレンドに変化はないようだ。魚食のシンボル的な食材が「トロ」であり、需要が増大している「トロ」を計画的に生産、供給する産業こそが養殖業である。

養殖されているのは何種類？

世界で養殖されているマグロの種類は、太平洋クロマグロ、大西洋クロマグロ、そしてミナミマグロの三種類しかない。キハダの養殖は試験段階なので、ここでは除外しておく。この三種類は共通して、魚体のうち消費者に人気のある「トロ」が占める割合が高く、マグロ属の中でも市場価値が高い。養殖は産業であるので、採算性が重視されるため、必然的に単価の高い種類が対象となる。

養殖対象の三種類のうち大西洋クロマグロは、地中海のスペイン、モロッコ、イタリア、マルタ、チュニジア、アルジェリア、クロアチア、ギリシャ、トルコなどの国々で養殖され、太平洋クロマグロの養殖は、日本とメキシコで行われ、ミナミマグロはオーストラリアの南岸のポートリンカーンという場所付近だけで養殖されている。

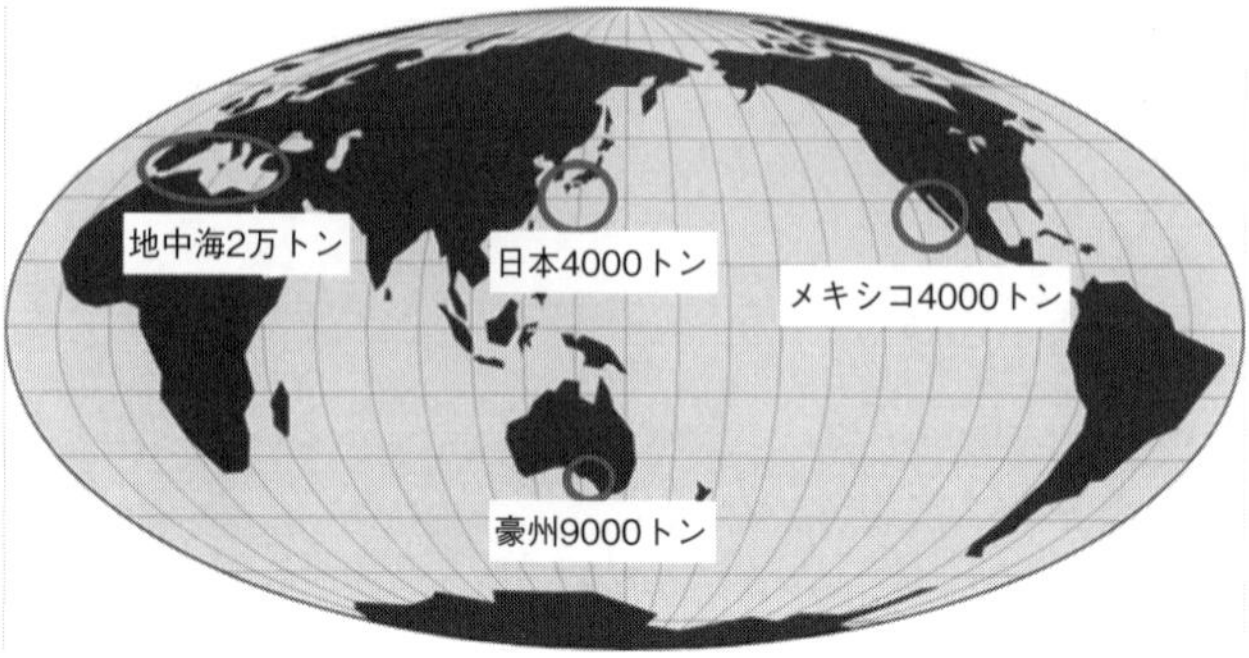

図 5-1　世界のマグロ類の養殖生産量（2007 年推計値）

養殖生産量は、推計で二〇〇七年に大西洋クロマグロは約二万トン、太平洋クロマグロは、日本約四千トン、メキシコ約四〇〇〇トンで合計八〇〇〇トン、ミナミマグロは九〇〇〇トンである。合計、年間約四万トンの養殖生産がなされた。

養殖の形態

世界のマグロ養殖形態には、大きく分けて「畜養」と「養殖」がある。第1章に記されているようにJAS法では「畜養」も「養殖」も養殖とされ、商品の表記に「畜養」を目にすることはない。しかし、依然として業界ではマグロ養殖を語る上で、その生産形態の違いから明確に区別されている。

「養殖」は、天然幼魚の確保から始まる。夏場から秋にかけて、太平洋沿岸や日本海西部に現れる約二〇から三十センチメートルのクロマグロの天然幼魚（ヨコワ）を、曳き縄（第3章マグロ漁業の歴史と漁法参照）で釣り上げ、一尾一尾魚体に触れないようにしながら船の活け間へ収容し、港付近の一時収容生け簀まで輸送する。一時収容生け簀では、イカナゴなどの生餌へ餌づけを行う。

釣獲時の針の刺さった部分から出血が止まらなかったり、針先が眼球にまで到達したり、漁船の活け間で暴れて傷ついた個体は、餌を食べることなく死亡する。このように一時収容の目的は、網内で活きていくことが期待できる個体だけに選別することである。餌づけが完了した幼魚は大型の生け簀網に収容され、成長に合わせてイカナゴ、アジ、サ

図 5-2　マグロ養殖生け簀

図 5-3　マグロ養殖の餌となるアジ、サバ

図 5-4　生け簀内の養殖クロマグロ

バ、イワシなどの生餌を与えながら二、三年かけて、三〇〜九〇キロぐらいの大きさまで育成して出荷を行うのが一般的である。このような天然幼魚からの「養殖」を行っているのは、日本だけである。

一方、「畜養」とは、天然の一〇キロぐらいの幼魚から、数百キロの成魚までを定置網や旋網で捕獲することから始まる。定置網であれば、定置網に入った魚を付近に設置した大型の生け簀へ収容して、餌を与えて飼育する。旋網であれば、捕獲場所と生簀の設置場所が遠く離れているのが常なので、旋網で捕獲したマグロを曳航輸送するための円形生け簀へいったん移して、タグボートなどで生け簀の設置場所までゆっくり輸送する。このようにして、育成場の生け簀へ収容されたマグロは数カ月から一年半程度、生餌（サバ、アジ、イワシなど）を与えながら飼育され出荷される。このように飼育を開始する魚の大きさ、飼育期間について「養殖」と大きく違っているので「畜養」と呼び、区別されている。

地中海やオーストラリア、メキシコの海外の養殖は「畜養」にあたる。この「畜養」は日本でも、近年一部で試みられるようになってきた。

マグロ養殖の目的

それでは、なぜ、手間をかけ天然幼魚の活け込みを行い、定置網や巻網の漁獲物をわざわざ魚場から養殖場まで運び、大がかりな生け簀で、労力を使いながら飼育する面倒なことをするのだろうか。幼魚は筋肉中に水分が多く脂がのった「トロ」部分はなく、そのまま市場に出荷しても消費者から好まれる肉質ではない。成魚の場合でも産卵後の魚だと、産卵のために体力を使い果たし、「トロ」部分が少ないのが常である。幼魚や産卵後の成魚はそのまま市場へ出荷するよりも、餌を食べさせて、消費者が好む肉質である脂肪分の多い「トロ」に改善し、市場価格を上げることを目的に「養殖」や「畜養」が行われる。

また、旋網で捕獲されたマグロの場合は、魚群を発見して網を投入し、巻き上げる作業に数時間を要するため、水揚げしたときには、魚は網で行動の自由を奪われ、遊泳できないため窒息して多くの魚は死んでしまっている。マグロは死んでしばらくすると、体の体温は上がり、筋肉中に血がたまって肉質が劣化し、商品価値が落ちる。旋網で漁獲されたマグロも生かして畜養することで、生け簀からの出荷時に取り上げ、血抜きや即殺することで、結果的に品質を向上させることができる。

マグロは鮮度が命

マグロは漁獲された後にいかに鮮度保持、肉質保持をするかが、価格形成の上で重要な要素となっている。海から陸や船にあがった瞬間から、これほど鮮度や肉質保持が問われる魚は他では例をみない。

例えば、延縄や一本釣りの魚の処理方法は次のとおりである。延縄や一本釣りでは魚は多くは取り上げ時に生きており、船上にあげたときに、まず行うのは胸鰭を伸ばした先付近の体側に沿って走っている血管を切って血抜きをする。どうして血抜きが必要かというと、心臓が動いているうちにその動きを利用して血を抜くのが最も効率的であるためと、血抜きをせずそのまま死亡した魚の刺身には、切り口に赤い点状に血の塊がみられたり、刺身で食べるときに血なまぐさくなったりするからである。

当然このような肉は消費者から敬遠されることとなる。

血抜きを行った後、両眼の上の頭部に包丁で切れ目を入れ、脳から脊髄にトールと呼ばれる弾力性のある樹脂製の細い棒を脊椎骨中に差し込んで、脊髄を破壊する。これは、脊髄を破壊することで、体温上昇を抑えられ、いわゆる筋肉の「ヤケ」を防止し肉質の保持をするためである。

その後、冷却効率を上げるため鰓と内臓を取り出して、海水に氷を入れたものの中につける。これらの作業を確実に素早くすることは、直に肉質と価格に跳ね返ってくる。マグロは一匹一匹仲買人がその肉質を判断して値づけされる流通形態をとっており、同じ市場にあがったマグロであっても本来の肉質に加えてそれまでの取り扱いによって値段が大きく違うということが起こってしまう魚である。このことがマグロと他の魚を比べたときに、いちばん違うところである。

養殖の特徴

マグロ漁業とマグロ養殖を比べた場合の違いは何だろうか。漁業はそのときの資源状態や、社会条件、例えばその年に漁場に魚が極端に少なかったり、燃油が高騰したため、採算割れが生じたり、というような不安定要素によって生産量は計画通りとはいかない場合が多い。養殖用の天然魚の活け込みは漁業によってまかなわれるので、同じく不安定であるが、それ以降は想定外の大きな台風が到来し施設や魚に損害が出てしまうようなリスクはあるものの、比較的計画通りの生産を上げられる点が漁業と最も違う点である。また、価格が低いときにはさらに養殖期間を延ばしてその間、価格の戻りを期待するオプションをとることである程度リスク回避の余地がある。

反面、マグロの養殖は大きな弱点も抱えている。その一番の弱点は、前述のように養殖に利用される魚は天然魚であるので、養魚の供給が不安定である点である。第二に、マグロ肉一キロ増やすのに何キロの餌魚が必要かという割合は、増肉係数と呼ばれ、マグロの大きさで変化するが、ほぼ一〇〜十五程度である。ちなみに、ブリではおおよそ八、マダイでは三程度で、マグロはたんぱく質の生産という観点からは極端に効率が悪い。それもそのはずで、マグロは泳いでいないと呼吸ができないので絶えず泳ぎ続けることが宿命の魚であり、食べたエネルギーは自分の肉になるより運動エネルギーとして消費される方が多いからである。現在は、旋網で大量に漁獲される安価なアジ、サバ、イワシをなんとか餌に利用できているが、将来このような魚が食用に回るようになれば、マグロ養殖は根底から揺るがされることとなる。

マグロ資源管理と養殖のつながり

天然資源を保全するには、資源管理が重要であるが、養殖も天然資源管理に大きく関わっている。なぜならば、養殖が盛んになると幼魚の捕獲が多くなり、天然魚資源に影響を与える可能性が指摘されているからである。

特に資源の状態が心配されている大西洋のクロマグロやミナミマグロでは、養殖のために捕獲する幼魚についても資源管理の規制があり、年間に捕ってもいい数量が決められている。天然資源への管理規制に加えて大西洋クロマグロのワシントン条約記載がもし現実のものとなり、国際間取引の制限などが行われるようになると、日本国内の需要と供給の差は国内の養殖によって埋められることが期待されるが、一方で養殖が天然幼魚で成り立っていることからたやすく養殖量を増やすわけにはいかない。

このような状況では、まず、資源管理により天然資源の保護が必要なことはいうまでもなく、同時に、人工的に稚魚を生産してその稚魚を養殖用に供給することが天然資源を守るためにも、養殖の持続的な生産を確保するためにも必要である。

2、日本の養殖事情

日本のクロマグロ養殖の歴史

日本のクロマグロの養殖の研究は一九七〇年に水産庁のプロジェクト研究として始まった。このプロジェクトは遠洋水産研究所（現水産総合研究センター）が中心となって、静岡県、三重県、長崎県の各水産試験場と東海大学、近畿大学、その後、鹿児島県、高知県水産試験場が参画して、天然幼魚の活け込み技術の開発から行われた。プロジェクト終了後も近畿大学は、独自で養殖の技術開発を継続し、養殖方式を形作ってきた。

一方、日本栽培漁業協会八重山事業場（現水産総合研究センター、西海区水産研究所石垣支所八重山栽培技術開発センター）で石垣島において、一九八五年から放流を目的とした親魚養成、種苗生産技術開発が始められた。当時、サンゴ礁湖内に大型の生け簀を設置して、高知から活魚輸送船で当歳魚及び一歳魚の長距離輸送を成功したことにより、親の養成を開始した。石垣島の水温は摂氏二〇から三〇度の範囲で、水温が低い本土沿岸と比べると体重で約二倍の成長を記録したため、民間の養殖会社が沖縄県本部町地先の礁湖内に養殖施設を開設し、南西諸島での養殖が本格化した。その後、沖縄本島とほぼ同じ水温条件であり、沖縄よりも本土市場に近く、本土からの養殖用の天然幼魚の調達、輸送に対しても有利な奄美大島と加計呂麻島の間の静穏な海域で、民間企業が養殖を開始して以来、参入が続き現在では、日本のクロマグロ養殖の約四割の生産を上げる一大産地と発展した。

養殖場の分布

全国的な養殖場は、太平洋岸では、南から、沖縄本島本部、鹿児島県奄美大島、大分県豊後水道、愛媛県宇和海、高知県柏島、和歌山県串本、三重県熊野灘、である。また、日本海側では、鹿児島県甑島、熊本県不知火海、長崎県五島、対馬、佐賀県鷹島、山口県油谷湾、京都府伊根、石川県珠洲市まで養殖場が広がっている。この中で珠洲市、伊根、対馬の養殖経営体は、「畜養」を行っている。

二〇〇八年の漁業センサスによれば、日本で養殖事業を行っている経営体数は畜養を含め六十八である。

養殖生産量

クロマグロ養殖の統計がないため推計でしかないが、二〇〇八年の養殖生産量は年間六

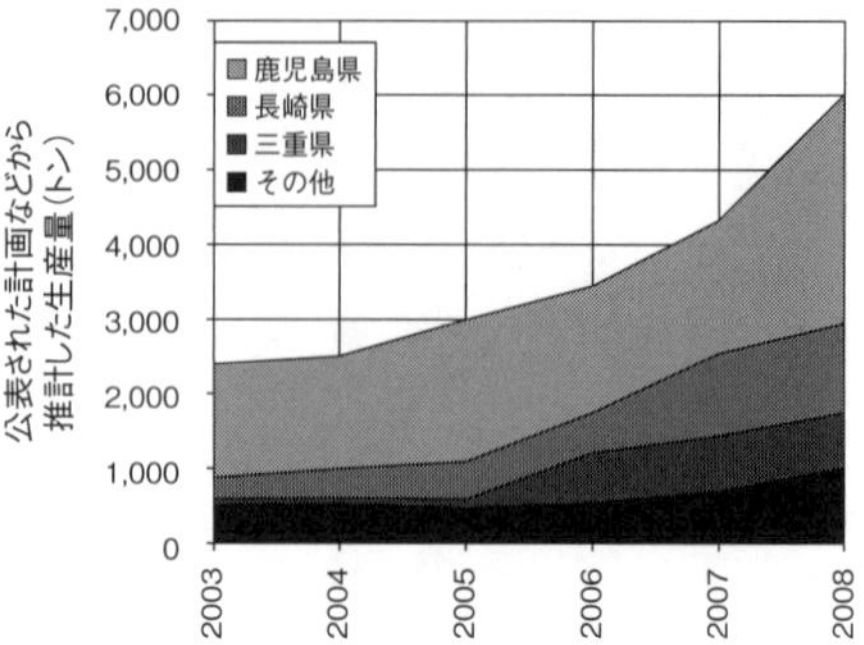

図 5-5　日本におけるクロマグロ養殖生産量（公表された計画等から推計した生産量）の推移（マリノフォーラム 21 の養殖生産構造改革推進事業の HP から引用）

千トンと言われている。二〇〇八年のリーマンショック以前までは、マダイ、ブリなどの養殖魚の魚価低迷の中、マグロ養殖は収益性が高かったことから、新規参入する企業が多く、その結果、五年前と比べると養殖量は二・四倍程度となった。しかし、リーマンショック以後は、社会全体が投資に慎重となったため新規の参入はほとんどなくなっている。デフレ傾向が顕著になるにしたがって、養殖マグロの価格は下落傾向にあり、採算ラインと目されている一キロあたり二五〇〇円に近づいており、クロマグロ養殖の経営環境は厳しいものとなってきた。

3、人の手で稚魚を育てる

種苗生産とは

親魚から受精卵を得て、ふ化させ、水槽の中で水温や水質をコントロールしながら餌を与えて、稚魚を育てる工程を「種苗生産」と呼んでいる。ヒラメやマダイについては、この種苗生産技術が長年の研究開発の結果、確立されており、民間機関や公的な栽培漁業センターではひとつの事業場において約三センチの稚魚を年間、一〇〇万尾以上生産可能な段階になっている。この技術がベースになって、養殖業が普及して、一〇〜二〇年前までは、高級魚とされていたマダイ、ヒラメの市場単価が下がり、回転寿司のネタとして、スーパーマーケットの刺身パックとして気軽に食べられるようになった。

このようにマダイやヒラメの種苗生産技術と比べると、現在のクロマグロの種苗生産技術はどこまで進んでいるのだろうか。種苗生産技術段階のひとつの指標であるふ化した仔魚から、約三センチの稚魚までの生残率は、例えばマダイ、ヒラメでは約五〇％である。クロマグロの生残率は、高い場合で四％程度、平均すれば一％以下で、まだまだ、マダイやヒラメの技術水準にはほど遠い。クロマグロは生態的にマダイやヒラメなどの沿岸魚種と比べて大きく違うので、技術的な難しさが伴っている。

世界的にみれば、マグロの種苗生産技術が世界で最も進んでいるのは日本で、ヨーロッパでは大西洋クロマグロを、オーストラリアではミナミマグロを対象として、種苗生産の研究開発の取り組みが進行中であるが、いずれの種についても、受精卵の確保が可能になった段階か、わずかな稚魚が飼育できる段階である。

日本では、二〇〇九年に近畿大学がクロマグロの稚魚（全長約五センチメートル）一〇万尾を超す稚魚を生産し、他四、五機関で一機関あたり一〇〇〇尾程度から一万尾超の生産が可能となっている。種苗生産技術は年々進展しており、近い将来、養殖用に捕獲しているクロマグロ天然幼魚を人工的に生産した稚魚で置き換えることが期待されている。ここでは、種苗生産工程で、親からの採卵方法と、仔稚魚の飼育について少し詳しく見ていくこととする。

親を飼い受精卵を確保する

種苗生産には、まず受精卵を大量に得て、健全なふ化仔魚を大量に確保しなければならない。現在では、大型の生け簀で天然幼魚を三〜五年飼育して親として成熟、産卵させている。産卵期は、奄美大島の場合、毎年五〜七月に雌親一尾に雄親が一〜三尾程度が追尾して、かなりの速度で生け簀の表面、中層でスパイラル状の軌跡で泳ぎながら産卵する。産卵期にはこのような追尾が一時間ぐらいの間に何組も見られる。受精卵は、海水よりも比重が軽いため、水面に浮上するので、なるべく生け簀内から流出しないように大型生け簀の周りをあらかじめ水面から水深三メートル程度のシートで取り囲む。表面に浮いた受

図5-6　生け簀内で産卵された受精卵を網で集める

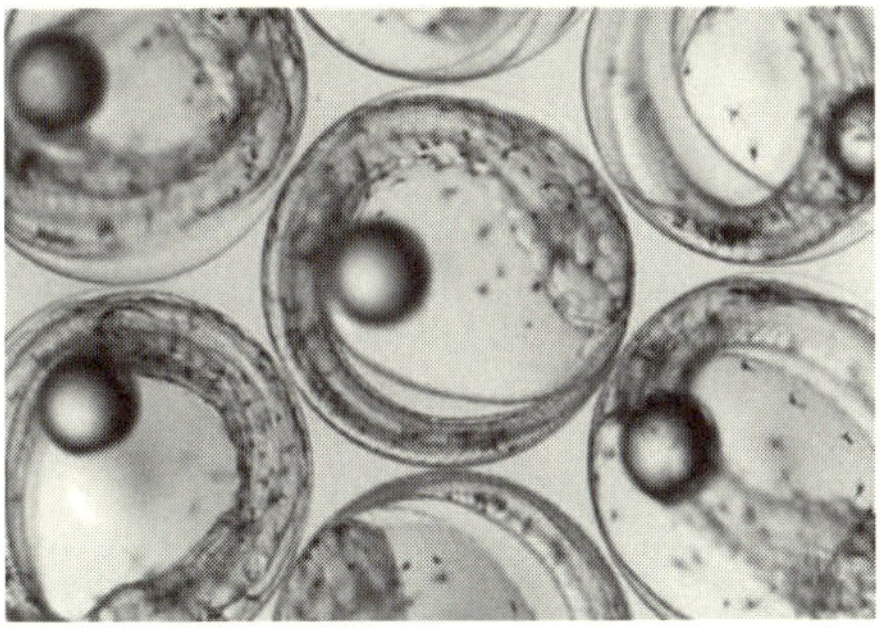

図5-7　クロマグロ受精卵（直径約0.9mm）

精卵は、生け簀の風下に集まるので、手タモや、自作の旋網を利用して集める。

　クロマグロの受精卵はヒラメやマダイの卵と同じ大きさで、直径〇・九ミリである。集められた受精卵は、後述する疾病対策のためオキシダント海水で消毒され、ふ化用の小型水槽でオキシダント処理後除去した海水を掛け流しにして、ふ化させる。水温二十八度の条件であれば約二十四時間でふ化する。ふ化仔魚の全長は約三ミリメートルで、大きな親の魚体から想像できないくらい小さい。ふ化仔魚は、容量五〇から一〇〇キロリットルの大型水槽に収容されて、飼育が開始する。

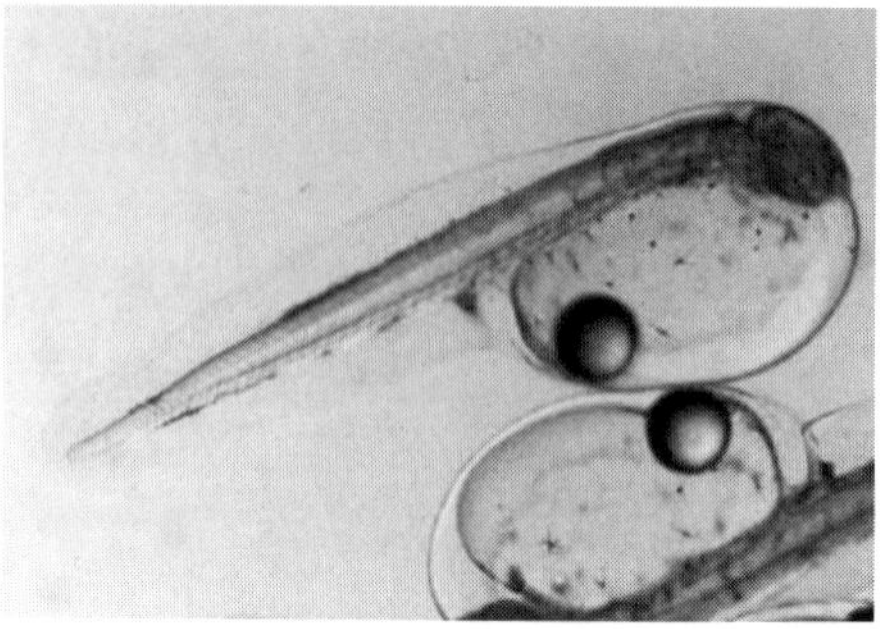

図 5-8　クロマグロふ化仔魚（全長約 3mm）

稚魚を育てる技術

水産総合研究センター奄美栽培漁業センターの例では、水槽に収容された仔魚は、ふ化後三日で口が開きシオミズツボワムシ（以後ワムシと呼ぶ）と呼ばれる〇・三ミリメートル程度の大きさの動物プランクトンを培養して与える。ふ化後一五日で約七ミリに成長すると、乾燥卵をふ化させて得られる〇・五ミリの大きさのアルテミアとともに、ハマフエフキのふ化仔魚（和歌山県にある近畿大学では、マダイ、ヒラメ、イシダイなどのふ化仔魚）を与える。ふ化後二十日には全長約一〇ミリに成長し、二二、三日からイカナゴシラスを与え始める。ふ化後約四〇日で全長約五センチに成長した段階で、稚魚の大型化に伴って水槽の飼育空間が窮屈となることと、水質維持する海水交換の能力の限界から取り上げ、計数後に大型の海面生け簀へ飼育場所を変える。

　クロマグロの種苗生

図 5-9　ふ化後 15 日全長 10mm、おなかがすいたら共食いする

図 5-10　ふ化後 40 日、全長 50mm のクロマグロ稚魚

図 5-11　種苗生産水槽（50 キロリットル水槽）

産で、仔稚魚が大量に死亡する時期が、大きく二時期ある。一つ目の時期はふ化して五日ほどの時点でそれまでの親からもらった卵黄と呼ばれる栄養分がなくなり、自分の口でプランクトンなどの餌を食べていかねばならない変化が起こったときである。

このとき、仔魚は昼間水槽の中層を胸や尻尾の膜状の鰭を小刻みに動かしながら泳いでいるが、夜間になると活動を止め水槽の底に沈んでしまい、かよわい仔魚は水槽の底で傷ついたり底に溜まった汚れの中で増殖した細菌に犯されたりして死亡することがわかってきた。

もうひとつの死亡が多くなる時期は、ふ化後一五日ごろからで、仔魚の体が発達して遊泳が活発となり、積極的に遊泳して大型の餌を求めるようになる。この時期から多発するのは共食いである。

比較的体の大きな個体が空腹になると、仲間を顎で攻撃して、攻撃をされた体の比較的小さな個体は、完全に食べられることがなくても、体の一部に損傷を受け、それがダメージとなって死んでしまう。大きな個体は一日何百個体も攻撃するので、問題は深刻である。このころに合わせて、空腹を軽減するために餌としてふ化仔魚を与えるが、ふ化仔魚を十分量確保する困難さが伴う。

マダイやヒラメでもふ化後の仔魚の沈降についてはその傾向はみられるが、マグロほど顕著ではない。また、体が発達するとマダイでもヒラメでも空腹時には仲間をかじることはあるが、この性質がマグロほど顕著ではないことと、シオミズツボワムシ、アルテミアの餌の確保技術がしっかりしているため、共食いをかなり軽減できる点でクロマグロの場合と最も違っている。

魚病対策

水産総合研究センター奄美栽培漁業センターでは二〇〇〇年から、種苗生産段階でのViral Nervous Necrosis（ウイルス性神経壊死症）が多発し、種苗生産が根底から脅かされる状態となった。仔魚がこのウイルスに感染すると、脳や眼の神経細胞内で増殖して、異常遊泳、摂食不良などの症状を示し、仔魚が全滅するというやっかいな病気である。

本症の感染ルートは、親魚からの垂直感染、仲間からの水平感染の両方が判明している。シマアジでは本疾病対策には親の生殖腺に含まれるウイルスを検査して、陰性の個体のみ選別することで、防除対策が可能となっているが、一〇〇キロ近いクロマグロの親はシマアジのように取り上げて麻酔や生殖腺のサンプリングができないので、採集された受精卵を、オゾン発生装置や電解装置で発生された〇・五ｐｐｍオキシダント海水で一分ほどの消毒を行っている。さらに、種苗生産段階では、水平感染を絶つために、オキシダント消毒した後、活性炭でオキシダントを除去した海水を仔稚魚の飼育に使用している。

このような疾病防除技術開発により、二〇〇三年から本ウイルス病はほぼ克服されている。なお、このウイルスは、魚類の仔稚魚の飼育水温である二〇から三〇度で増殖し、人間の体温である摂氏三六度では、増殖しないので食べても人間の健康にはまったく問題ない。

4、完全養殖とは？

完全養殖の工程

完全養殖という言葉を聞いたことがある人は多いのではないだろうか。マダイ、ヒラメなどの主要な養殖種類で完全養殖はすでに実現、実用されている。また、ブリ、カンパチについて実験的に完全養殖は達成されており、実用化に向けて研究開発が進行中である。

それでは、完全養殖とはどのような技術だろうか。例えば、新たな魚種の完全養殖技術の確立には、最初に受精卵を入手せねばならない。そのため、天然の親魚を水槽、もしくは生簀で飼いならして、親を成熟させる。海産魚類の多くは直径一ミリ程度の受精卵を一度に何万から何十万個産卵する。

生け簀では産卵しても受精卵が潮流とともに生簀の外に流れ出てしまうので、通常は陸上の水槽内で自然産卵させ、目の細かい網で卵を集める。水槽内では天然の環境を再現できないため、成熟させるのが難しい場合、性転換する種類で雄個体が十分な数が手に入らないような場合は人工授精が行われる。いずれにせよ、天然由来の親から卵を摂ってふ化した仔魚から好適な環境で稚魚を育てる。飼育下でその稚魚を次の世代の親にして、大海を知らない親が卵を産めば、完全養殖の達成となる。このように完全養殖は一つの技術を指すのではなく、多くの技術要素が集積されている技術の体系である。

クロマグロの完全養殖技術の展開

クロマグロの完全養殖を成功しているのは、現在、近畿大学だけである。なぜ完全養殖の技術が重要かというと、一つにはクロマグロの場合、養殖産業は天然資源の影響が少なくないからである。多くのクロマグロ種苗生産機関は天然幼魚を親魚候補にしているが、天然の発生群が少ない年は計画通りの幼魚の数が入手できないこととなり、受精卵の安定確保の面で問題が生じることとなる。人工種苗を親魚にして、産卵させる技術が確立すれば持続的に養殖が可能となるからである。

もう一つの理由は、完全養殖技術は完全育種を行う際の基本的な技術だからである。完全養殖の世代サイクルを続ける過程で、成長が早いとかゆっくり泳ぐおとなしい性質であるため高い生残率が望めるといったような優れた形質を持つ個体を選抜していくことで、そのような形質を持つ系統を作り出すことができるからである。育種に関しては、本章6の「養殖によるマグロ供給の未来」でも後述する。

クロマグロの種苗生産機関の多くは、産業化を目指して特に完全養殖の要素技術である種苗生産技術の研究開発を行っている。前述のように、種苗生産が難しいクロマグロの稚魚を量産して養殖を実現することは、ビッグビジネスへの早道である。

５、種苗放流は可能か？

海産魚類の種苗放流に関して、最も成功している例はよく知られているサケの放流である。また、ホタテガイ、アワビ、サザエ、ウニ類、クルマエビ、ガザミ、マダイ、ヒラメなど一〇種類ほどを対象として放流事業が定着しており、資源管理手法（漁法、漁場、漁獲サイズ、漁獲時期を制限することで、資源を維持する）を組み合わせることで、地域的に成果が上がっている。その他、多くの種類が試験研究の段階にある。

クロマグロと同じように、生物ピラミッドの頂点に近い同じサバ目のサワラでは、瀬戸内海において以前から比べて資源が激減し、人工的に生産した稚魚を放流しながら資源管理を合わせて行うことで、資源を回復することに成功した。その段階に至るまでには、放流した稚魚と天然の稚魚を識別できる標識技術、どこにどの大きさの稚魚をどれだけどのように放流すれば最も生き残りや成長がよいか、天然資源に負の影響を与えないかという研究が必要となる。

現在では太平洋のクロマグロ資源は危機的な状況ではないため、まず人工種苗技術の養殖への応用が効果的であるとの意見が強い。将来的にもしクロマグロ資源の減少が危機的状況に陥るようであれば、人工種苗生産技術は有効な手段とされるであろう。その際には、クロマグロでは、種苗の生産に使用する卵の親数は限られるため、生産種苗は天然種苗よりも遺伝的な多様性が小さいと想定されるため、放流によって天然の発生群に与える影響を最小限にしつつ資源に添加する技術を構築できるかがポイントとなる。

6、養殖によるマグロ供給の未来

人工種苗を使った養殖の未来

二〇〇七年から農林水産省農林水産技術会議のプロジェクトである農林政策を推進する実用技術開発事業「マグロ類の人工種苗を利用した新規養殖技術の開発」が開始された。水産総合研究センターが中核機関となり、東京海洋大学、長崎大学、鹿児島大学、近畿大学、大阪大学微生物病研究所、長崎県総合水産試験場、林兼産業が参画し、産卵親魚の小型化、採卵技術の高度化、種苗生産技術の高度化、養殖技術の高度化に向けて、まさに人工種苗を養殖へつなげるための実用化研究が進行中である。すでにそれまで親魚が産卵するのは五歳であったが、三歳で産卵させることに成功して、その条件について明らかとした。また、日本各地の親養成場の水温、日長などの環境条件に加え、何尾の雌が産卵したかなどの生態情報の分析により、最も安定して産卵する場所と条件を比較抽出した。なお、種苗生産では、夜間の通気を強くする技術、二四時間照明技術によって、ふ化五日付近の沈降死亡を軽減する技術開発により、生残率の向上が進んだなどの成果が得られている。さらに、仔稚魚用、育成用、親用の配合飼料の開発も進展しつつある。

技術開発がさらに進展し、そう遠くない将来、稚魚を人工的に生産し、水槽の中で海を知らずに育った稚魚から、生け簀網の囲いの中で、大海を知らないマグロがふつうに食卓に上ることとなるだろう。

「養殖魚は全身中トロになる」とか、「養殖マグロは天然マグロとは違う味だ」とよく言われる。確かに、広い太平洋を自由に泳ぎ回り、ときには餌を逃がさぬよう、また、ときには大きなカジキ食べられないように全力でダッシュする生活を送っている天然魚と比較して、大型といっても海と比べれば狭い生け簀の中で、毎日、餌が上から落ちてくる、また、大型魚から襲われることもない養殖魚とは別物といっても良いかもしれない。

しかし、現在でも関東では養殖魚でも赤身の部分が多い魚が好まれているので、魚に餌を与える回数を抑え気味にして、赤身の多いマグロを作り出荷する。

もしくは、関西では比較的脂が強い魚を好まれる傾向があるので、太らせ気味にして出荷することが実際に行われている。養殖の利点はある程度このようなコントロールが可能という点にある。

将来的には、飼育技術や餌に加えて、育種によって消費者好み、生産者好みの魚が作られるだろう。消費者にとって都合のよい形質、例えば筋肉質で脂のほどよい食味に優れたマグロ、生産者にとって成長の早いマグロ、性質がおとなしく共食いしないマグロ、など夢が描くことができる。

日本では内湾の養殖場は飽和状態であるためマグロ養殖の生産場は、内湾に拡大することは不可能なため、将来外洋をマグロの養殖場として利用することを目的に、水産庁の補助事業でマリノフォーラム21が浮沈式の生け簀を使った養殖試験を行っている。生け簀を外洋に面した中層に沈めることで、台風時でも施設の保全が可能となり、給餌による自家汚染のリスクも軽減される。

このような新たな養殖場を拡大する技術開発はマグロ養殖の安定供給を目指した重要な研究課題であり、成果が期待される。

環境に配慮した技術

現在のマグロ養殖では主に旋網で漁獲されたサバ、イワシ、アジなどの冷凍魚を解凍して給餌する。マグロはこれらの餌の小魚を丸のみにするので、残餌について問題は少ない。しかし、餌用の冷凍魚を解凍するときに出るドリップや血が混入した排水は環境に負荷を与える。

他の養殖魚と比べて、マグロは餌の魚から生産する点からは、前述のように効率が悪いので、他魚種の養殖より多くの餌が必要となる。反面、漁場面積あたりでは生け簀収容密度が他魚種よりも低いので、マグロ養殖が他魚種の養殖に比べて環境負荷をより多く与えているというわけではない。しかしながら、給餌を伴った養殖である限りは、他魚種同様、環境に対して負荷を与えていることは間違いがない。例えば年間六〇〇〇トンのクロマグロを養殖により生産するとすれば、ざっと推計しても七万〜八万トン程度の餌用の魚を沖合、もしくは、海外から養殖場のある沿岸に持ってきていることとなる。この問題は、クロマグロに限ったことではなく、海外からの輸入魚粉を原料とした配合飼料を利用するすべての海面給餌養殖にも共通の問題である。

持続的な養殖の発展のためには、将来的に消化効率のよい成分からなる配合飼料の開発、魚粉に代わるたんぱくを利用した配合飼料開発は重要性を増してくるので、マグロ養殖の場合はまず配合飼料化を進めることが重要ではないだろうか。マグロ養殖での配合飼料の利用に関しては、開発された養殖用の配合飼料が販売され始めており、普及段階にある。

一方、マダイなどの給餌養殖場にワカメ養殖を導入することで、給餌養殖から排出される過剰のリンや窒素を有用な海藻に吸収させ、一石二鳥の効果を狙うという研究が進められており、このような技術の応用も大いに期待される。

第3部

マグロ資源の保全

第6章　マグロ資源の現状

1、マグロ資源の変動――海の魚をどう数えるか？

生物資源の自然変動

水産資源学とは極論すれば海の中の魚の数をかぞえる学問である。しかし池のコイならば水を抜けばその数をかぞえることはできるが、海の場合はどうすればいいのだろうか。

水産庁の委託事業として水産総合研究センターでは「国際資源の現況」と題し各種水産資源の資源評価結果を発行している。その一項目として、漁業資源の変動要因と資源評価をわかりやすく解説している（http://kokushi.job.affrc.go.jp/index-2.html）。この記事を参考にマグロの資源を推定する方法を簡単に解説したい。

魚をはじめとする海の生物資源は人間が利用する前から環境変動などの影響により自然にその数が増えたり減ったりする。この「自然変動」を繰り返す資源を人間が利用するこ

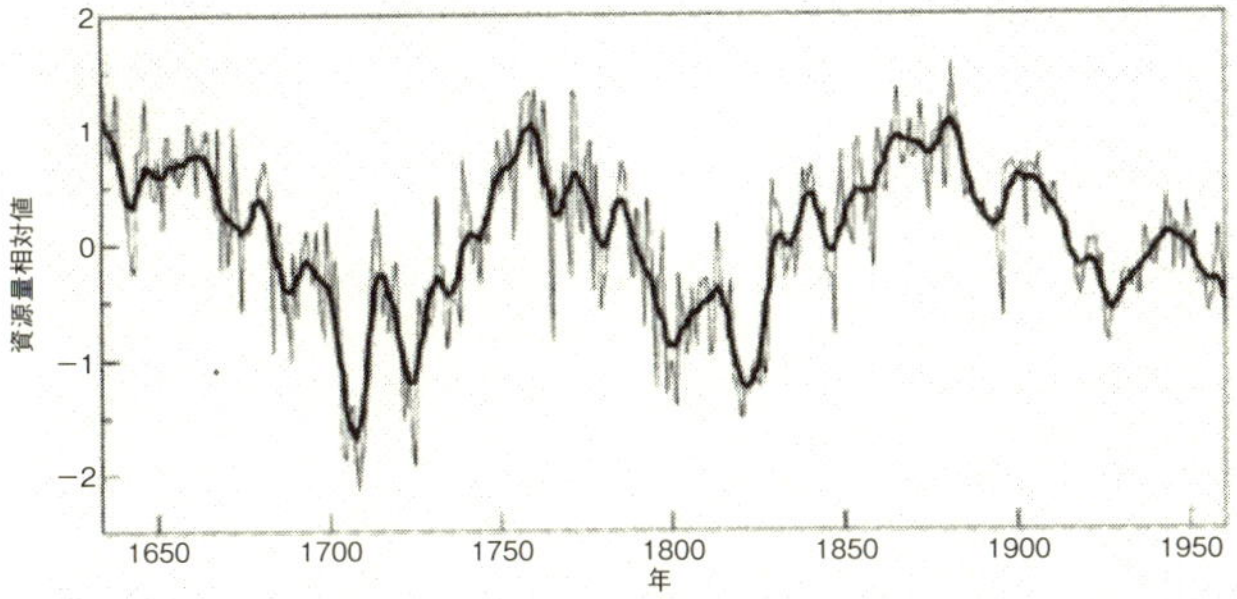

図 6-1　地中海クロマグロの自然変動

とでさらに資源が変化する。生物資源を合理的に利用するためにはこの「自然変動」と「人間の影響」を正確に把握する必要がある。

「自然変動」とはその生物資源をとりまく環境が変化したためにその数が変化する現象である。図６-１に一六〇〇年代からの地中海クロマグロの長期的な資源変動を示した。この図６-１は地中海のクロマグロの親魚の量にほぼ一〇〇年周期の大きな変化があることを示している。

昔は人間の漁獲の影響がごく小さかったことを考えると、この変化はクロマグロがもともと持っていた自然変動を表していると考えられる。クロマグロの寿命は二〇年以上あるが、このような長寿命の魚類でも大きな資源変動を繰り返している。

自然変動のメカニズム

環境変化がどのようなメカニズムで生物資源の変動に影響を与えるかについては明らかにされていないが、海洋環境と資源変動の相関関係についてはいろいろと知られている。

例えば、太平洋クロマグロの産卵場の水温と幼魚が生き残る量の間に関係があることが知られている。またクロマグロ幼魚の生き残る量と黒潮続流域（黒潮の終末にあたる海域）の水温変化にも相関関係が認められている。このように海洋環境の変化と資源の変化が連動する例は北太平洋のビンナガでも知られているが、どのようなメカニズムで幼魚の生き残りがよくなるかについては知られていない。

また、水温などの海洋環境の変化によりプランクトンの発生量が変化し、稚魚が食べられる餌の量が変わって生き残りに影響するなど、生態系に生物種の複雑な関係が影響していると考えられる。

このような海洋環境の変化のほかに他の生物の増減が影響する場合もある。例えば海洋で数が多かったある生物が急激に減少した場合、その生物が利用していた餌が余り、他の生物が増加する。その後、もともと数が多かった生物が数を増やそうとしても有効な餌はなく、再び数を増やすことはできない。生態系においてはこのようなイス取りゲームのような変化が起きることがあり、この現象を「遷移」という。

人間の影響

「自然変動」以外に生物資源に影響をあたえる要因として人間の影響がある。これは人間による漁業活動である。

すなわちマグロを多く漁獲すると資源が減少し、獲ることをやめると増えるというものである。マグロ資源をコントロールするためにわれわれができる唯一の方法は人間の漁業活動を制限することである。このためにマグロ資源にとっても、漁業者にとってもその漁業活動がマグロ資源にどのような影響を与えるかを正確に把握しておくことは極めて重要である。

次ページ図６-２に太平洋におけるメバチの資源変動を示した。点線は漁業がまったくなかったと仮定したときの資源の変動で実線は実際の変動である。この二つの差が人間の活動、すなわち漁業の影響である。点線と実線は一九七〇年ごろまでは同じように減少していくが、それ以後は点線が増加しているのに対し、実線は減少し続けている。これは資源が自然変動に加えて漁業の影響を強く受けるようになったことを示している。

漁業の影響が大きな生物、小さな生物

漁業はどんな生物資源に対しても同じように影響するとは限らない。クジラのように長

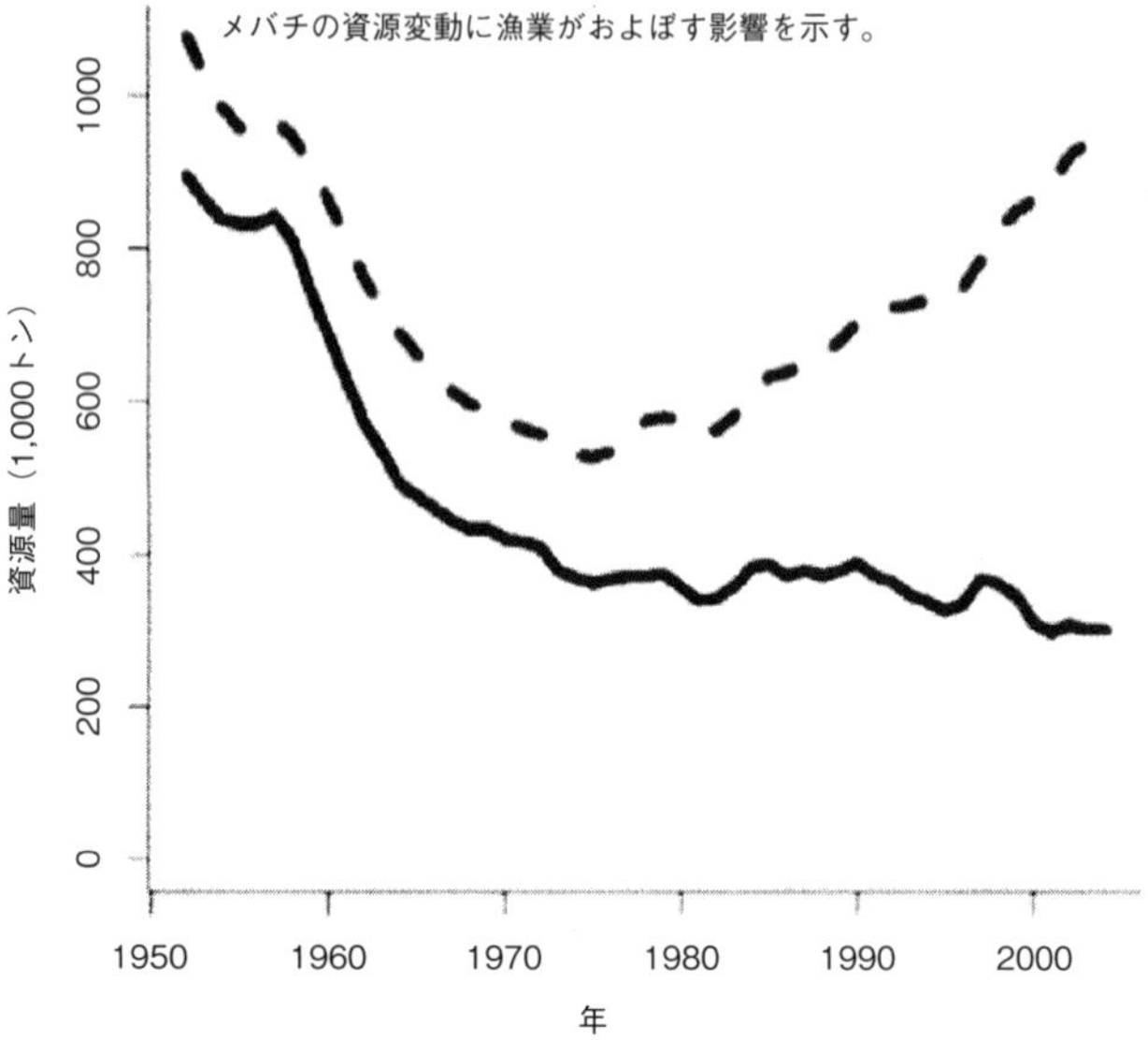

図6-2　太平洋メバチの資源変動を人間の影響を取り除いた場合の予測を点線、実際の変動を実線で示す

命で自然に死ぬことの少ない生物に対しては漁業の影響は強く出ると考えられる。これに対し、寿命が短く、漁業以外の死亡要因（寿命で死んだり、他の生物に食べられたり）が多い生物は漁業の影響が出にくい。例えばカツオは一、二歳で成熟し、イカの寿命は一歳である（このような生物を回転の速い資源という）。このような生物は長寿命生物に比べれば漁業の影響が少ないといえる。

　一般にイカなど短命で回転の速い資源の場合は自然変動

が大きい。漁業はこの自然変動に大きく左右されることになる。またクジラなど長命でなかなか死なない生物は自然変動も小さく、資源は漁業活動に大きく影響される。

マグロの中でもクロマグロなどは稚魚期には海洋環境などの影響を受け、自然変動が大きいが、ある程度成長すると自然死亡率は減り、環境の影響を受けにくくなる。どのような水産資源もこの自然変動と漁獲の影響を受けているため、正確な資源評価のためにはこの両者の影響を的確に把握する必要がある。

2、資源評価手法

資源評価とはなにか

資源評価とは漁業を通じてその魚の獲れ方がどう変化したか、あるいは漁業から独立した調査で魚の総量を推定して、資源がどんな状態にあるのかを判断することである。例えば、獲りすぎて資源が減少しているかどうかなどをみる。その結果、資源の状態が乱獲か健全かを判断するので、資源診断とも呼ばれる。この資源評価の結果を基に、乱獲の場合は規制などにより資源状態を健全に戻すようにする。このように資源を一定の望ましい状態に保つことを資源管理という。

資源評価のために必要な情報

資源評価は、後で述べるさまざまな方法によって行われている。どのような方法を用いるかは、対象となる生物の特性にもよるが、どんな情報（データ）が利用可能かにもよる。ここでは資源評価に必要な情報について簡単に紹介する。

まず、漁業の記録や報告から得られる情報（漁獲量や船や漁具の数などの漁獲努力量）と一般の漁業とは独立した情報（調査船調査など）の二つに大きく分けられる。

マグロ漁業などでは、対象とする資源の分布域が広大なため、調査船で資源全体を調査することは極めて困難であり、資源評価のほとんどの情報は漁業から得られるものに依存している。一方、ベーリング海のスケトウダラなどのように分布域がある程度限られたものでは、調査船を使って資源全体の情報を得ることができる。このように、得られる情報は、漁業や魚種によって異なっている。

漁業から得られる情報

漁獲量：一年間の総漁獲重量などで、漁獲の規模を知るための最も基本となる情報である。もちろん、魚の種類ごとの漁獲量が必要である。

漁獲努力量：魚を獲るために投じた「努力」の大きさを定量化したものである。例えば、船の数などである。この情報は、後述する資源評価に極めて重要な資源量指数を求めるために必要である。マグロはえ縄漁業では、使った釣り鉤の数が漁獲努力量として使われる。

体長組成：漁獲量は、もちろん、漁獲物の量を示す重要な情報であるが、さらに漁獲物の体長組成も加え、どの大きさの魚がどれくらい獲られているかを知ると、漁獲の影響や資源の状態をさらに詳細に知ることができる。

それは、魚の大きさから年齢を推定し、漁獲物の中に何歳の魚がどれくらい含まれるかを知ることができるからである。それによって、未熟な魚が多いか、成魚がどのくらいの割合か、その割合が年とともに変化しているかなどもわかり、資源評価に極めて重要な情報となる。

漁業から独立した情報

漁業から独立した情報で最も重要なものは、調査船で得られる情報である。調査船は、さまざまな調査を行う。その一例として、鯨類で行われている「日視調査」がある。これは、鯨が呼吸をするために水面に浮上し、目視で存在を確認できることを利用した調査で、鯨の生息数を知るのに役立つ。

マグロ漁業でよく用いられる方法として、調査と漁業の両者の組み合わせによる標識放流がある。これは、調査で標識をつけた魚を放流し、それを漁業が漁獲することにより、どこで漁獲されたか、どのくらい漁獲されたかという情報が得られ、それを基に魚の移動や資源量を推定することができる。

さまざまな資源評価法

資源評価にはさまざまな手法が考え出されているが、寿命の長短など生物学的な特徴や、どのようなデータが利用できるかという条件により、適用できる手法も変わってくる。ここでは、資源の変動傾向から資源状態を評価する方法、漁獲量と資源の変化の関係を用いる方法、さらに、これらに加えて漁獲物の年齢組成の情報を用いて資源を評価する方法の代表的なものを紹介する。

資源量指数

これは資源量の変化を相対的に示す指標で、資源が半分になれば、この資源量指数も半分になる。この指数の変動のみから資源状態を推定する場合もある。資源量指数としては、漁船からの情報を用いる以外に調査船を用いたトロール調査や魚群探知機を用いた調査などで得られた指数が挙げられる。これらの調査結果から多くの場合は、資源量の相対値すなわち資源量指数として用いられる。

マグロ類のように調査船調査が困難な場合は、漁船の漁獲率を資源量指数とする場合が多い。マグロはえ縄では釣獲率、釣針一〇〇〇本あたりの漁獲尾数が用いられる。

これは「単位努力量あたり漁獲量」と呼ばれるものである。英語の「Catch Per Unit Effort」の頭文字をとってＣＰＵＥと呼ばれている。ただし、このＣＰＵＥが資源の変化を正確に表しているか否かを充分検討しなければならない。それは、ＣＰＵＥには、資源の変化ばかりではなく、漁場や漁期、漁具などの変化も影響するからである。

一般に漁具は効率よくたくさんの魚が獲れるように年々工夫される。そのため、資源が変化しなくてもＣＰＵＥは上がる場合なども考えられる。ＣＰＵＥを資源量指数として用いる場合は、このような影響を排除しなければならない。

この資源量指数の動向により、資源が減少しているか増大しているかを判断することができる。資源評価の最も単純な方法といえる。

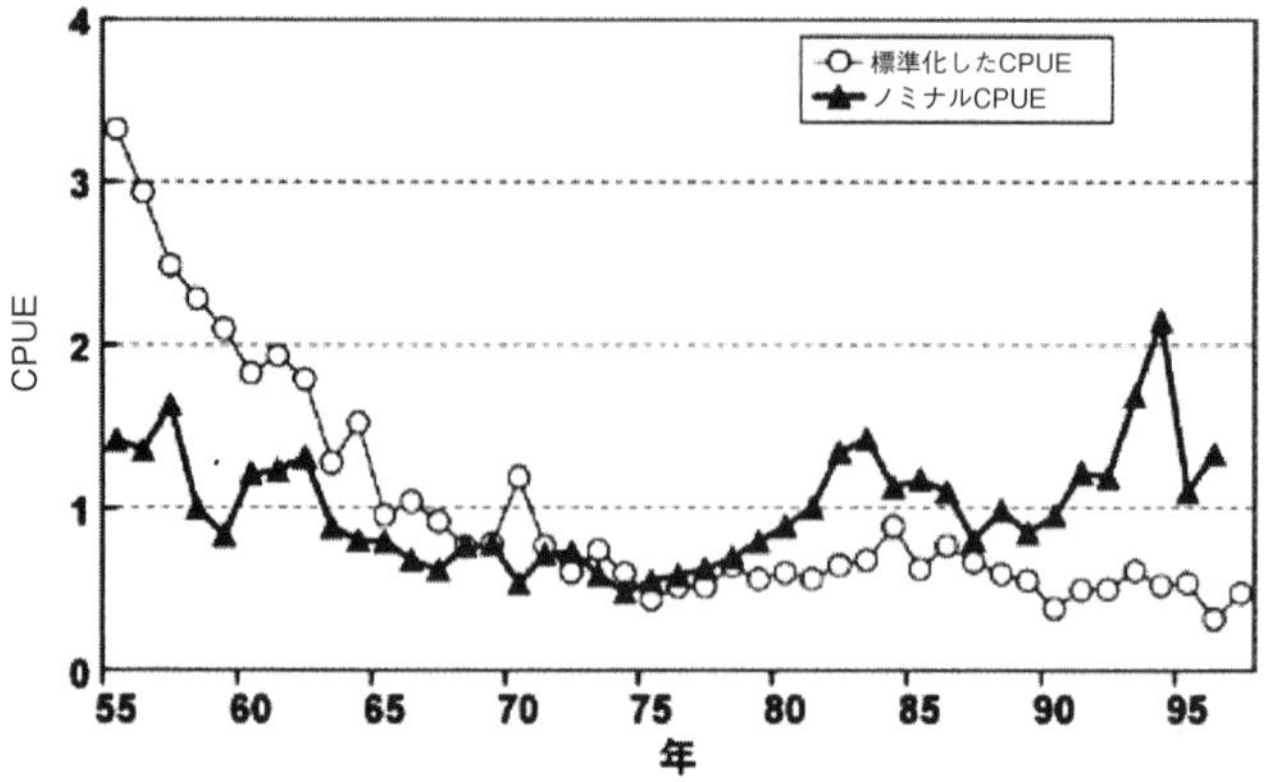

図6-3　かじきの資源量指数、ノミナルCPUEと標準化したCPUE

プロダクションモデル

魚類は生物であるので、条件が良ければ自然にその数を増やす。この増加量のことを余剰生産量と呼んでいる。貯金の元金と利子のような関係である。ところが魚類は無制限に増大するかというと、そうではなく環境の制限を受けている。この限界値のことを環境収容量と呼んでいる。そして、プロダクションモデルとは、環境収容量のなかで魚類資源がどのように増えたり減ったりするのかを見積もる計算方法のことである。

余剰生産モデルとも呼ばれるこの評価手法は、他の手法に比べ比較的少ない情報しか必要としない。基本的には、年々の漁獲量、資源量指数の二つの情報を用いる。

情報が少なくてよいため、多くの魚種に適用されてきた。現在も、マグロ類や鯨類などでも幅広く用いられている。さらに発展型として基本的な情報以外に、漁獲物の年齢構成や漁業の種類ごとの資源量指数を入力できるものなど数多くのバリエーションがある。

情報をあまり必要としないということは便利な反面、さまざまな仮説（前提条件）の上で資源状態を推定していることに注意しなければならない。それらの前提条件とは、（1）対象生物の生産力は環境によって影響を受けない、（2）資源変動の原因は漁獲による、などである。

モデルの種類によっては、仮説（前提条件）も異なってくる。また、比較的長い期間の情報が必要で、その期間の中で、資源が漁獲によって大きく変化していないとその結果はあまり信頼できない場合が多い。さらに、自然変動が大きい場合は、このモデルの仮説に適合しないことになり、解析結果は信頼できないものとなる。

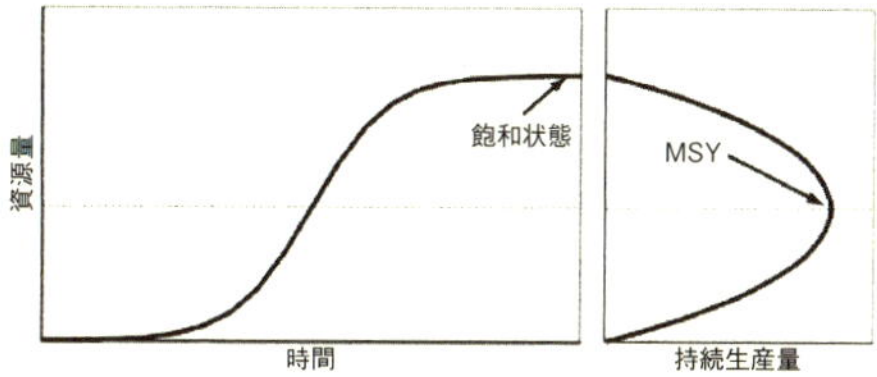

図 6-4　プロダクションモデル

コホート解析（VPA）

この解析法は、魚類の年級群に注目する。年級群（コホート）

とは、同じ年に生まれた魚を意味する。例えば、二〇〇二年に生まれた魚を二〇〇二年級群と呼ぶ。コホート解析は、それぞれの年級群を経年的に追いかけてゆく解析法である。

コホート解析はVPAとも呼ばれている。VPAはVirtual Population Analysisの略である。必要なデータは、（1）年齢別漁獲尾数（各年の各年齢の漁獲尾数）（2）自然死亡率（漁獲以外の死亡）（3）資源量指数（CPUE）の三つである。

コホート解析のためには年級群別の年々の漁獲尾数が必要となる。すなわち、例えば二〇〇二年級群の二〇〇三年、二〇〇四年……の各年の漁獲尾数が必要となる。

このような漁獲量がわかっていて、さらに、自然に死ぬ量（自然死亡率）もわかっていると、この年級群が最高齢（例えば五歳）で死に絶えるときから資源量を逆算してゆくことができる。

すなわち、五歳で死に絶えるのであるから、その一年前のこの年級の資源尾数、すなわち四歳はじめの資源尾数は、四歳時の一年間の自然死亡量（図では九〇尾）にその年の漁獲量（一八〇尾）を加えた二七〇尾である。三歳はじめの個体数は、この二七〇尾と自然死亡の二一〇尾と漁獲死亡の四二〇尾を加え、九〇〇尾であることがわかる。

このように逆に遡って行くと、一歳時の加入量（一万尾）まで求めることができる。これがVPAの最も基本的なところである。実際は、例えばマグロ類など国際漁業資源における解析では、資源量指数なども用いて計算機による繰り返し計算で最適解を求めるという複雑なものとなっている。

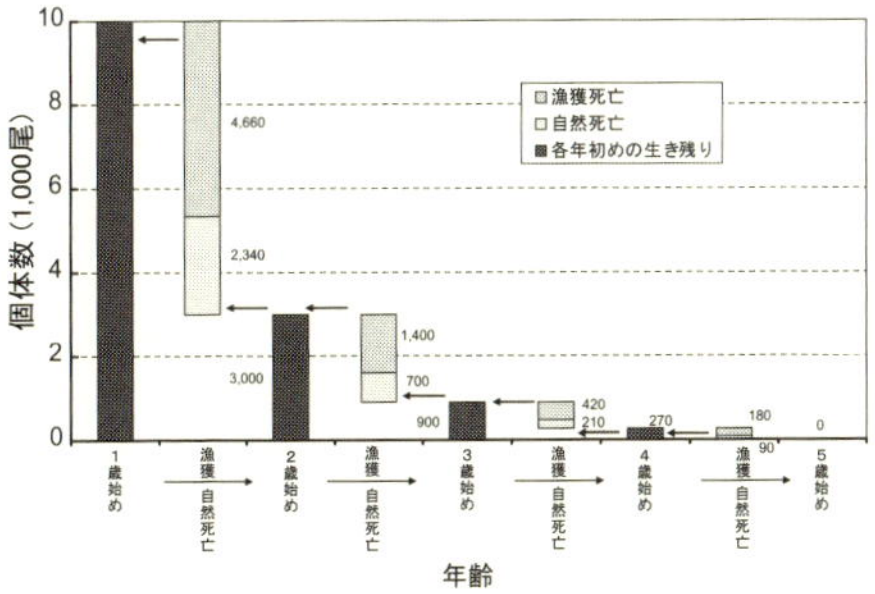

図 6-5　コホート解析の概念図

コホート解析のメリット・デメリット

コホート解析では、一般に寿命が長く、自然死亡が少なく、そして漁獲割合が高い場合に精度良く資源量などが推定できる。タラなどの寿命の長い底魚類やマグロ類などへの適用例が多いのはそのためである。

また、ここで示したように高齢から若齢へ逆算する場合、若齢になるほど相対的に誤差が小さくなる。また、この解析法は、プロダクションモデルのように、資源の変化はすべて漁獲の影響といった仮説を使わないため、環境などの変化に推定値が影響を受けないという長所もある。

一方、自然死亡率を推定することは極めて困難で、多くの場合、寿命などの情報から大まかな自然死亡率を推定して用いている。また、漁獲物年齢組成の誤差が大きいと信頼できる結果は得られない。

包括的モデル

近年、マグロ類の資源評価に関して、さらに複雑な解析法が開発されてきている。基本的な考え方は、コホート解析とほぼ同じであるが、包括的モデルあるいは統合モデル(Multifan-CL、ASCALAR、SS3など)とも呼ばれる複雑なモデルは、漁獲データや標識放流データなどさまざまな情報を入力して、資源量をはじめとして極めて多くのパラメーターを一括して推定するモデルである。

これらのモデルはより多くの情報を取り込めるように発達してきているが、資源状態の推定については、やはり入力する漁業からの正確な情報が、最終的な結果に強く影響する。それらは漁獲量、操業日数や使用した針数などの漁獲努力量、漁獲物の体長組成などである。精度のよい資源評価結果を得るためには精度のよい漁業からの情報が不可欠である。

３、マグロ各種の資源の現状

マグロ資源は二十一系群

それでは、それぞれの大洋で国際漁業管理委員会が行ったマグロ類の資源評価の結果を見てみよう。水産総合研究センターでは水産庁の委託事業として「国際資源の現況」と題しマグロ類各種の資源評価結果を取りまとめている。その結果についてはＨＰで参照することができる（http://kokushi.job.affrc.go.jp/index-2.html）。

マグロ類はその生息する大洋と産卵場ごとに繁殖の単位である系群に分けられる。例えば太平洋クロマグロは一系群、大西洋クロマグロは二系群であり、ビンナガは太平洋二系群、大西洋二系群、インド洋一系群の計五系群である。同様にメバチ、キハダ、カツオはそれぞれ四系群、ミナミマグロは一系群である。すべてを合計すると二十一系群になる。（この委託事業では世界のマグロ資源のうち二十一系群を扱っているが、大西洋マグロ類保存委員会ＩＣＣＡＴでは、さらに地中海のビンナガ加え、大西洋のカツオを東西二系群に分けている）

マグロ資源の現状

また三宅ら（二〇一〇）はマグロの漁業管理国際機関が実施した資源評価結果を一覧表にして、各機関が設けた資源評価基準と比較して、その資源が乱獲にあるかどうかをわかりやすくとりまとめている。三宅らの表を改編して掲載した。ここで使用した資源評価基準は二つあり、ひとつは最適漁獲（msy）を達成できる資源量（Bmsy）に対する現在の資源量（Bcurrent）の割合である。この割合は資源量が最適レベルより小さくなると1より小さくなる。

もうひとつの資源評価基準は魚を獲るための漁船数や釣り鉤の数など、漁獲強度に関するもので、最適漁獲量（msy）が得られる漁獲強度（Fmsy）に対する現在の漁獲強度（Fcurrent）の割合を示した。これは資源に対して漁獲の圧力が多いか少ないかをしめす指標で1以上であれば乱獲となる。表では資源量（B）の割合が1より小さく、漁獲強度が1より大きい場合、つまり資源量からみても漁獲強度でも乱獲の場合を要注意、どちらかが乱獲の場合は注意、どちらも乱獲ではない場合、健全とした。

この表でみると大西洋ではクロマグロが東西両系群とも要注意、ビンナガ、メバチ、キハダが注意、カツオの資源状態は健全である。太平洋ではクロマグロ、ビンナガ（北太平洋）、メバチの東太平洋と中西部太平洋系群が注意、ビンナガ（南太平洋）、キハダ、カツ

大西洋におけるマグロ類の資源評価の要約表

系群	資源状態	Bcurrent/Bmsy	Fcurrent/Fmsy	管理勧告
ビンナガ(北大西洋)	注意	0.81	1.5	許容漁獲量の設定
ビンナガ(南大西洋)	注意	0.91	0.63	許容漁獲量の設定
クロマグロ(東大西洋)	要注意	0. 14－0. 35	3. 04－3. 42	許容漁獲量の設定、サイズ規制、魚期漁場規制など
クロマグロ(西大西洋)	要注意	0. 14－0. 57	1. 27－2. 18	許容漁獲量の設定
メバチ	注意	0.92	0.87	許容漁獲量の設定
キハダ	注意	0.96	0.86	許容漁獲量の設定
カツオ	健全	＞1	＜1	勧告なし

太平洋におけるマグロ類の資源評価の要約表

系群	資源状態	Bcurrent/Bmsy	Fcurrent/Fmsy	管理勧告
ビンナガ(北太平洋)	注意	＞1	0.75	漁獲強度の削減
ビンナガ(南太平洋)	健全	1.26	0.44	勧告なし
クロマグロ	注意	過去の平均に近い	1＞？	漁獲強度の現状維持
メバチ(東太平洋)	注意	1.01	1.234	まき網の漁期制限、はえなわの許容漁獲量の設定
メバチ(中西部太平洋)	注意	1.37	1.44	漁獲努力量の 3 割削減
キハダ(東太平洋)	健全	0.96	0.86	まき網の漁期制限
キハダ(中西部太平洋)	健全	1.17	0.95	勧告なし
カツオ(東太平洋)	健全	＞1	＜1	勧告なし
カツオ(中西部太平洋)	健全	2.99	0.26	勧告なし

インド洋におけるマグロ類の資源評価の要約表

系群	資源状態	Bcurrent/Bmsy	Fcurrent/Fmsy	管理勧告
ビンナガ	健全	1＞	0. 48－0. 90	勧告なし
メバチ	健全	1.34	0.81	漁獲をmsy以下に制限、漁獲努力量を 2004 年以下に制限
キハダ	注意	1. 13－0. 93	0. 9－1. 60	許容漁獲量の設定、漁獲努力量を 2007 年以下に制限
カツオ	健全	＞1	＜1	勧告なし
ミナミマグロ	要注意	0. 101－0. 127	未報告	許容漁獲量の設定

表 6-1　各大洋におけるまぐろの資源状態の要約

オは健全である。インド洋ではミナミマグロが要注意、キハダが注意でビンナガ、メバチ、カツオは健全であった。

全大洋を通じて要注意の資源は大西洋クロマグロ、ミナミマグロである。注意は大西洋のビンナガ、メバチ、キハダ、太平洋のクロマグロ、ビンナガ（北太平洋）、メバチであり、それ以外のカツオ、マグロ資源は健全な状態に保たれている。

さらにひとつひとつの系群について詳しく説明したいところであるが、太平洋を中心に我々になじみの深い資源を抽出し説明することとする。それらは太平洋のクロマグロ、キハダ、メバチ、ビンナガ、カツオとミナミマグロ、話題になった大西洋クロマグロである。

すべてのカツオ・マグロ資源について知りたい方は前掲のホームページをご覧いただきたい。

キハダ（太平洋中西部）

まき網漁業と竿釣り漁業は表層のキハダを漁獲するのに対し、はえ縄漁業はやや深い一〇〇～二五〇メートルの水深帯でキハダを漁獲している。かつては、漁獲の大部分をはえ縄漁業が占めていたが、一九八〇年代から熱帯域でまき網漁業が発達し、急速にその漁獲量を増加させた。主要漁業国は日本、フィリピン、インドネシア、台湾、韓国、米国、パプアニューギニアである。

総漁獲量は一九七〇年代まで一〇万トン以下で安定していたが、一九八〇年代には二〇万トン、一九八〇年代後半には三〇万トンを超えた。その後、一時減少したが、一九九七年以降四〇万トンを超える漁獲をあげている。各国の漁獲は一九九八年以降、フィリピンとインドネシアが五～一四万トンで一、二位を占め、韓国、日本、台湾がそれぞれ四、五万トンで三～五位を占めている。

二〇〇七年の資源評価では、太平洋（中西部）におけるキハダの現在の資源量は乱獲状態にないとされているが、資源の満限近くまで利用開発されていると考えられる。

キハダ（太平洋東部）

東部太平洋ではキハダの九割がまき網で漁獲されている。この海域ではまき網は伝統的にイルカの群れについたキハダを漁獲するイルカ付き操業を行っているが、最近では流れ物についた魚群を漁獲する流れ物付き操業、単独で遊泳する魚群を獲る素群れ操業も行われている。まき網漁業国はメキシコ、ベネズエラ、エクアドルである。

この海域では、はえ縄漁業国は日本、韓国、台湾、中国であり、赤道の両側のを挟んで南北一五度付近を中心に操業している。

総漁獲量は一九六三年七・四万トンであったが、一九七六年には二三・四万トンを記録した。その後、一転して減少を続け一九八三年には一〇・五万トンに減少した。以降、漁獲量は一九九〇年には三〇・二万トンまで回復したが、米国内でこの海域のイルカ付き操業に対する不買運動がおこり、米国船の一部が西太平洋に漁場を移動した。またこの不買運動によりメキシコは漁獲物をアメリカに輸出できなくなり、大きな国際問題となった。

漁獲量は一九九九年には二九・七万トンまで回復し、二〇〇一〜二〇〇三年には四〇万トンを超えた。

この海域のキハダの資源は満限近くまで利用されている。資源動向は大きな増減はなく横ばいであると考えられている。

メバチ（中西部太平洋）

メバチは成長すると深い水深に生息するので、深いところを狙うはえ縄漁業で主に獲られている。また、まき網漁業や竿釣り漁業では小型魚を表層付近で漁獲している。

かつてはほとんどのメバチははえ縄で漁獲されていたが、一九九〇年代からＦＡＤ（集魚装置）を使ったまき網漁業でメバチの小型魚が多数漁獲され、資源に大きなインパクトを与えている。

はえ縄で漁獲されたメバチは刺身材料としてわが国の市場で消費されるが、まき網の漁獲物は缶詰原料である。はえ縄の漁業国は日本、台湾、韓国、中国などであり、まき網漁業国は米国、台湾、フィリピン、日本などである。

二〇〇七年のメバチ総漁獲量は一四万三〇〇〇トンであった。はえ縄の漁獲が五八パーセントを占め、まき網が二六パーセント、残りが竿釣りとインドネシア、フィリピンの零細漁業によるものである。

近年の漁獲レベルは資源利用の適正水準を大きく超えており、今後の資源状態は楽観できない。親魚資源量は現行の漁獲レベルが続くと適正水準を下回ると予想されている。

カツオ（中西部太平洋）

カツオの漁獲量の八割以上は熱帯域でまき網により獲られている。また、竿釣りで一割が獲られ、その他の漁業で残りを獲っている。まき網の主要な漁業国は日本、韓国、台湾、アメリカ、インドネシア、パプアニューギニア、フィリピンである。日本は全世界の竿釣り漁獲量の五～七割を占めている。

カツオの総漁獲量は一九六〇年代後半には二〇万トン、一九七〇年代後半には四〇万トンに達した。その後、熱帯海域のまき網漁業の拡大により漁獲量は増加し、一九九〇年代には一〇〇万トン前後のレベルで漁獲された。一九九八年以降は漁獲量は一二〇万トンになり、二〇〇七年には過去最高の一七〇万トンに達した。

二〇〇八年に実施された資源評価によると、カツオ資源は過剰漁獲でも、乱獲状態でもなく、適正なレベルである。

ビンナガ（北太平洋）

北太平洋のビンナガは日本の竿釣り、アメリカの曳き縄、日本と台湾のはえ縄漁業で漁獲されている。日本の流し網やまき網漁業でも漁獲されるが量は多くない。竿釣りと曳き縄漁業で漁獲されるのは主に未成魚であり、はえ縄漁業では北緯二十五度以北の漁場では未成魚、それ以南の漁場では周年成魚を漁獲する。

北太平洋におけるビンナガの漁獲量は一九七〇年代に十二・五万トンと最大となった。その後、減少し一九九一年には三・八万トンに減少したが、著しい回復を示し、一九九九年には十二・一万トンに達した。二〇〇〇年から二〇〇四年は八・三万トンから一〇・四万トンの高いレベルで推移している。二〇〇五年、二〇〇六年には六万トン代に減少したが、二〇〇七年には九・一万トンに回復した。

最近の資源評価では北太平洋ビンナガの資源の総量は二〇〇六年には四五万トンとされている。この水準は過去四〇年間で比較的高い水準にある。ただし現在の漁獲水準で獲り続けると親魚資源は減少するので、漁獲を増加させない必要がある。

クロマグロ（太平洋）

クロマグロは日本がその漁獲の大部分を占めている。その日本の漁獲の大部分はまき網による。クロマグロは沿岸によってくるマグロなので、そのほかにも曳き縄や定置網、はえ縄などの漁法で獲られている。漁場は台湾東方沖から日本沿岸・近海及び三陸沖にかけての海域である。

クロマグロは渡洋回遊を行い北米沿岸に達するが、東部太平洋においてはメキシコがまき網で漁獲している。この漁獲の大半はメキシコで行われている蓄養にまわされ、しばらく飼育されてから日本に輸入されている。

総漁獲量は九〇〇〇トンから四万トンの間を周期的に変動している。近年では一九八一年に三万五千トンの漁獲があったあとで、一九八八年には九〇〇〇トンに落ち込んだ。一九九〇年以降は二万トン前後で推移している。最近二〇〇三年から二〇〇七年の漁獲量は一万八〇〇〇トンから二万六〇〇〇トンで推移している。

二〇〇八年に実施された資源評価によると、現在の資源はこのままの状態で漁業が続くと資源の崩壊をまねく限界に近いレベルであるとされている。

クロマグロ（東大西洋）

大西洋クロマグロは最近の研究では太平洋とは別種とされている。大西洋クロマグロはさらに東西二つの系群に分類されている。地中海を含む東部大西洋でクロマグロを漁獲する主な漁業国はスペイン、フランス、日本、イタリア、モロッコ、トルコである。スペインは定置網と釣り漁業、フランスはまき網、イタリアは定置網とまき網、日本ははえ縄で漁獲している。

地中海ではクロマグロの蓄養も盛んで、スペイン、クロアチア、マルタ、イタリア、トルコなどから多くの蓄養マグロが日本に輸入されている。

東大西洋のクロマグロでは漁獲量の未報告の問題が深刻であったが二〇〇九年に入り、だいぶ改善された。この年、ＩＣＣＡＴ（大西洋マグロ類保存委員会）に報告された二〇〇八年の総漁獲量は約二万四〇〇〇トンであり、漁船数や貿易統計から推定された漁獲推定量は約二万六〇〇〇トンなので、報告された統計値は妥当であるとされた。

資源状態は適正レベルを大きく割り込み、低位で減少傾向にあるとされている。二〇〇九年にICCATではこの資源状態とワシントン条約への本種の掲載提案を考慮して厳しい管理勧告を決議した。それによると二〇一〇年の漁獲割当量は二〇〇九年から四割削減した一三五〇〇トンである。さらにまき網の漁期を一カ月に制限するなど、厳しい内容になった。

クロマグロ（西大西洋）

ニューヨーク、ボストン沖で獲れ、日本に空輸されるクロマグロは本系群のことである。大西洋クロマグロの産卵場は東側の地中海と西側のメキシコ湾の二か所ある。このため大西洋クロマグロは西側の資源と東側の資源の二系群に分類し、別々に資源を評価している。

ただし、北大西洋では本種の分布は連続しており、標識放流ではそれぞれの魚が交流している証拠もあるため、系群を一つとする学説もある。

主な漁業国はアメリカ、カナダ、日本であり、アメリカははえ縄、まき網、一本釣り、カナダは一本釣り、日本ははえ縄で漁獲している。

大西洋クロマグロ西系群についてはICCATでの長い科学論争の後で厳しい規制が定められている。そのため総漁獲量は一九八三年以降、二五〇〇トン前後におさえられている。

大西洋クロマグロ西系群の親魚資源は一九七〇年以降、減少し続けていたが一九九〇年代にいったんその減少傾向が止まった。一九九八年にＩＣＣＡＴは資源を二〇一八年までに最適なレベルに回復させる計画を示したが、二〇〇八年の資源評価では資源回復のペースが予想よりも遅れていることが指摘されている。

二〇〇九年のＩＣＣＡＴ年次会合で決まった二〇一〇年と二〇一一年の漁獲割当量はそれぞれ一九〇〇トンと一八〇〇トン、そのうち日本の割当量は三三〇トンと三一一トンである。

ミナミマグロ

ミナミマグロはインドマグロ、ゴウシュウマグロなどとも呼ばれ、インド洋を中心に南半球の温暖から冷たい海域に生息している。主要な漁業国ははえ縄でミナミマグロを漁獲している日本、台湾、韓国、ニュージーランド、インドネシアとまき網で漁獲しているオーストラリアである。

オーストラリアは近年はまき網で獲ったマグロを蓄養し日本に輸出している。

ミナミマグロの漁業は一九五〇年代初期に始まった。一九六〇年に八万トンを超える漁獲をあげた後は漁獲は徐々に減少し、近年は減少した資源保護のための漁獲量規制により一万一千トンから一万六千トンで安定している。

最新の資源評価によると資源状態は適正レベルよりはるかに少ない。資源回復のための割当量削減がなんども行われたが、親魚資源回復の兆しは見られていない。

このため二〇〇九年のCCSBT（ミナミマグロ保存委員会）年次会合では割当量の二割削減を決定した。二〇一〇年の割当量は二〇〇九年の一万一八一〇トンから九、四四九トンに削減された。このうち日本の割当量は二〇〇九年の三〇〇〇トンから二四〇〇トン（二年で四八〇〇トンであり、各年の配分は各国が決める）である。

第7章　資源管理――国際マグロ管理委員会

1、五つの国際管理機関とひとつの科学委員会

漁業資源、魚は誰のものだろう？　各国の領海あるいは排他的経済水域（ＥＥＺ）内であれば、大陸棚に埋まっている石油資源などの地下資源と同様に、その国の資源とみなされている。問題は排他的経済水域の外側の外洋にいる資源や数カ国間の領海を移動する回遊魚などである。

これらの魚類あるいは水産生物は人類共有の財産であり、条約に基づく国際漁業管理機関で管理され有効に利用されている。この国際条約に基づいて各海域にマグロ管理委員会がある。例えば、大西洋では大西洋マグロ類国際保存委員会（ＩＣＣＡＴ）、太平洋には全米熱帯マグロ類委員会（ＩＡＴＴＣ）と西部及び中部太平洋における高度回遊性魚類資源の保存及び管理のための委員会（ＷＣＰＦＣ）がある。インド洋にはインド洋マグロ類

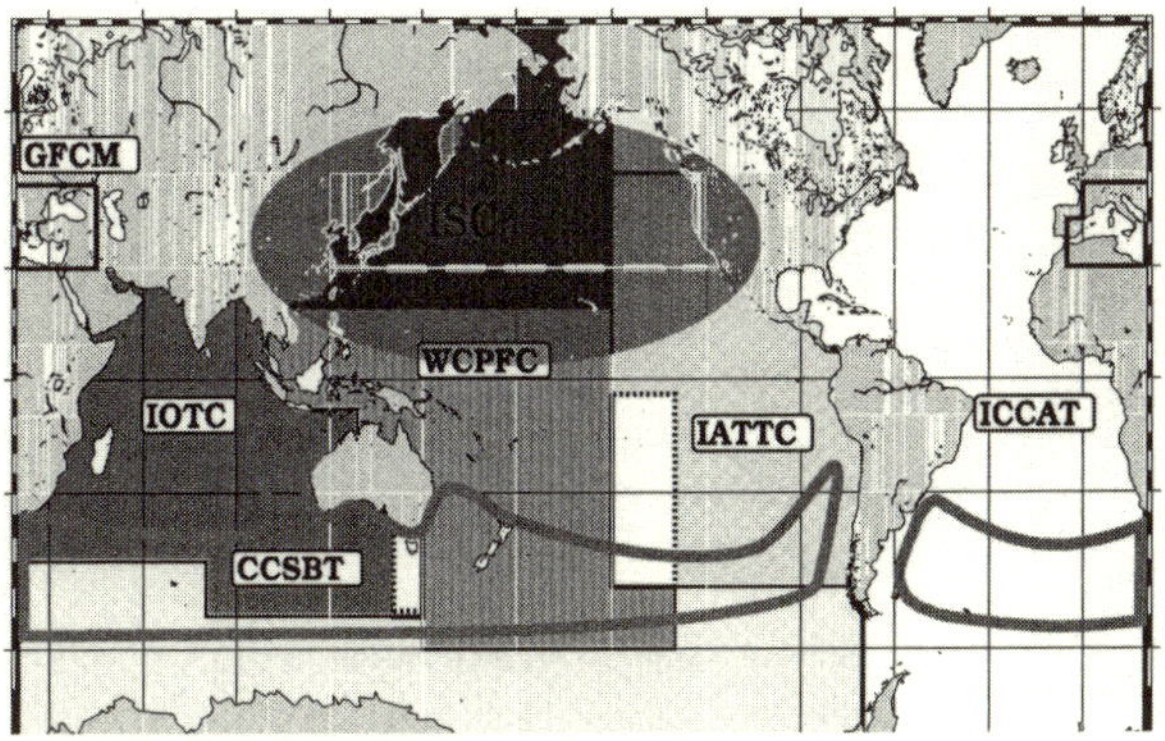

図 7-1　世界のマグロ管理機関の対象海域

委員会（ＩＯＴＣ）があるが、ミナミマグロには海域で区分されないミナミマグロ保存委員会（ＣＣＳＢＴ）がある。これはミナミマグロが南半球の高緯度海域に南極をとりまくようにぐるりと生息しているからである。

さらに北太平洋には「北太平洋におけるマグロ類及びマグロ類類似種に関する国際科学者委員会（ＩＳＣ）」がある。これは国際条約に基づいた委員会ではないが、日米加など加盟国の合意に基づきＷＣＰＦＣに委託されて北太平洋のマグロ類の資源評価を行うなど、マグロ管理委員会に準じた活動を行っている。

これらの委員会はたいていアルファベットの略号で国際的に通じるが、一部には特殊な呼称がある。例えば大西洋マグロ類保存国際委員会であるＩＣＣＡＴは「アイキャット」と呼ばれる。これらの委員会は日本の漁業にとってなじみが深く、ICCAT、CCSBT、IATTCなどでは日本人の職員がいるか、あるいはいたことがある。ミナミマグロ保存委員会では日本語も公用語である。

2、マグロの資源管理の仕組み

マグロは広い海洋を泳いでいる。彼らにとって国境などは関係ないが人間は海の上にも線を引きたがる動物である。各国の二〇〇海里内の資源はその国が主体的に管理することになっている。いいかえればその国のものであるのに対し、マグロはどこの国にも属さない公海資源である。

そこでさまざまな条約に基づく国際マグロ管理機関で管理を行っている。

国際マグロ管理委員会は基本的に事務局と科学委員会、行政委員会の三つの機能で成り立っている。

事務局は会議の開催、漁獲統計データの整備、加盟国間の連絡業務などをとり行う。科学委員会は条約で定められた魚種について資源評価を行うと同時に、資源を利用できる適正な状態に保つための管理勧告を行う。

行政委員会は加盟国の政府から行政官（水産庁の役人）が出席し、科学委員会の勧告に基づいて管理計画を策定する。その管理計画の中で加盟国の割当量が決定されるのである。

わかりやすくいうと科学委員会が資源が減らない有効利用量を決め、行政委員会がその分配量を決めるのである。マグロなどの公海資源の国際管理とは、原則的には天然資源の取り合いである。それを不公平のないように、不平不満の出ないように、いかに合理的に分配するかである。

しかしマグロ漁業など公海資源を対象とした漁業は、本来が資源の取り合いなので、それぞれの加盟国の漁業団体の思惑もあり、紛糾することもしばしばである。この紛糾は行政委員会のみならず、客観性が重視される科学委員会におよぶこともある。

関係者の利害がからむ交渉は科学であれ、行政であれ、いたずらに労力のかかるものである。

3、IATTC方式がいいかICCAT方式がいいか?

IATTC方式

ＩＡＴＴＣ（全米熱帯マグロ類委員会）は一九四七年に設置された。国際マグロ管理委員会では最も古株の委員会であり、南カリフォルニアのサンディエゴにある。

ＩＡＴＴＣの特徴は事務局が科学者を抱えていることである。このため資源評価も事務局所属の科学者がすべて行う。各国の思惑が絡むことがないので、科学者同士が論争することもなく、結果はすんなりと提示される。加盟国は行政委員会でＩＡＴＴＣ科学者の提示した資源評価結果や管理勧告に対し質問したり、次年度の評価の注文をつけたりできる。

ただしこの方法は事務局の維持費に膨大な資金が必要である。国際マグロ管理委員会は漁獲量にもとづいて加盟国に分担金が割り当てられている。委員会に科学者が所属している場合、その人件費も維持経費に含まれるので、分担金は膨れ上がる仕組みである。ＩＡＴＴＣがこの方式でやってこられたのは、設置もアメリカの強い要請によるものだったし、豊富な資金的バックアップがあったからだと考えられる。

ＩＣＣＡＴ方式

これに対し、ＩＣＣＡＴ（大西洋マグロ類保存国際委員会）は異なる運営方式をとっている。ＩＣＣＡＴは一九六六年に設立された二番目に古いマグロ委員会であり、事務局はスペインのマドリッドにある。

ＩＣＣＡＴの事務局には科学者は一人しかいない。事務局はもっぱら会議の開催、漁獲統計の整備、連絡事務、報告書の出版を行っている。ＩＣＣＡＴは公用語が英語、フランス語、スペイン語なので、事務局にはそれぞれの翻訳者も雇用しており、なかなか大所帯である。

ＩＣＣＡＴの科学委員会は加盟国の科学者が参加し資源評価、管理勧告を行う方式である。ＩＣＣＡＴのＳＣＲＳ（科学統計常設委員会）の議長も加盟国科学者の中から選挙で選ばれる。各分科会の議長も同様である。

科学者は会議の会期中に資源評価を行い、管理勧告を話し合い、行政委員会に提出する報告書をまとめる。資源評価会議は通常一週間程度の日程で行われるので、非常に忙しい。魚種によっては議論が紛糾し、報告書がまとまるのが最終日の夜中近くになることもある。

ＩＣＣＡＴ方式は科学者を雇用する人件費がかからないので、費用の点では安くあがる

図7-2　ICCATのロゴ

が、加盟国の科学者に過度な仕事の負担を要求し、利害が対立するときには結論を出すのが困難である。またアメリカなど国力のある国が多数の科学者を送れるので、議論が公平にいくとはいいがたい場面もある。それでも加盟国の科学者は議論がなるべく公平で客観的な科学に基づく結論になるよう努力している。

現在、世界には五つの国際マグロ管理機関がある。たいていはＩＡＴＴＣ型かＩＣＣＡＴ型の運営方式を採用しているが、ミナミマグロ委員会のように加盟国科学者の対立を避けるためと資源評価上の有益な助言を求めるために、加盟国以外の科学者を招へいしている場合もある。またＷＣＰＦＣでは外部機関に資源評価を委託している。

4、一種のマグロのみを管理、特殊なミナミマグロ委員会

日本語が公用語

ＣＣＳＢＴ（ミナミマグロ保存委員会）はオーストラリアのキャンベラに事務局がある。事務局は数名のスタッフで働いているが一名は日本人で水産庁からの出向である。ＣＣＳＢＴは公用語が英語と日本語なので委員会のＨＰも日本語と英語でできている。会議にも日本語通訳がつくので、他の国際委員会に比べてなにかと便利である。

図7-3　CCSBTのロゴ

条約制定までの経緯

ミナミマグロは一九五〇年代初頭から漁獲され始めた。一九六〇年代には漁獲量が急激に増え最大六万トンに達した。その後、漁獲量は急速に減少していた。

ミナミマグロの主要漁業国である日本、オーストラリア、ニュージーランドは三国でミナミマグロの資源管理に対する話し合いを一九八二年から継続していた。一九八〇年代半ば

にはミナミマグロ資源が保存管理措置を必要とする状態にあることが三国の共通認識となった。

日本、オーストラリア、ニュージーランドの三国は、ミナミマグロ資源の回復を図るため一九八五年からそれぞれ自国船団の割当量を制限し、一九八九年には漁獲実績を下回る厳しい制限を課した。

一九九四年、「みなみマグロの保存のための条約」が発効した。これによりそれまでの三国の自主的な管理の枠組みは正式に国際条約に基づくものとなった。また本条約のもとでみなみマグロ保存委員会事務局がオーストラリアのキャンベラに設置された。

しかし、本条約に加盟していない韓国、台湾、インドネシアの漁獲にはまったく規制がなく、ＣＣＳＢＴの管理措置の効果を減少させていたので、ＣＣＳＢＴはこれら漁業国に条約への加盟を促した。その結果、韓国は二〇〇一年に、インドネシアは二〇〇八年に条約に加盟した。

一方、台湾は国として国際条約に加盟するのが難しいため、条約下の拡大委員会に二〇〇二年に加盟し、これでミナミマグロを漁獲する漁業国がほとんど加わる形で管理体制は整えられた。

協力的非加盟国

また二〇〇三年には、ミナミマグロの漁業に関心がある国がＣＣＳＢＴの協力的非加盟国として会議に参加することになった。そしてこれにより二〇〇四年にフィリピンが、二〇〇六年に南アフリカと欧州共同体が協力的非加盟国となった。

協力的非加盟国は会議に参加できるが投票権はなく、ＣＣＳＢＴの保存管理措置などの取り決めを守る義務がある。協力的非加盟国の地位は正式メンバーになるまでの経過措置と考えられている。

5、最も古い委員会と最も新しい委員会のある太平洋

IATTC（全米熱帯マグロ類委員会）

ＩＡＴＴＣは国際マグロ委員会の中でも最も古い委員会であり、一九四七年にアメリカとコスタリカの間に結ばれた「全米熱帯マグロ類委員会の設置に関するアメリカ合衆国とコスタリカ共和国との間の条約」により設立された。日本が加盟したのは一九七〇年である。二〇一〇年一月現在一六カ国が加盟している。

図 7-4　IATTC のロゴ

事務局はアメリカの南カリフォルニア、サンディエゴにある。もともとが東部太平洋のキハダ資源の保全管理を目的に設立したので、管理する漁業の主要部分はまき網漁業である。この海域ではまき網漁業がキハダといっしょに遊泳するイルカを混獲するのが問題になった。

そのためＩＡＴＴＣにはマグロの研究者と混獲されるイルカを研究する研究者が所属している。現在はイルカ混獲問題は沈静化しているが、こんどは小型のキハダといっしょに漁獲されるメバチの混獲が問題となっている。

WCPFC（中西部太平洋マグロ類委員会）

同じ太平洋の西半分を管轄するのがＷＣＰＦＣである。世界に五つある国際マグロ管理委員会の中で最も新しいのが本委員会である。二〇〇〇年に採択され、二〇〇四年に発効した「西部及び中部太平洋における高度回遊性魚類資源の保存及び管理に関する条約」により設立された。

事務局はミクロネシアのポンペイにある。日本が加盟したのは二〇〇五年である。本条約締結に関しては一九九〇年代に何年にもわたり、その交渉が行われていた。難しい交渉のあとで、ようやく締結にこぎつけたのである。難産であった。加盟国は二五カ国である。

図7-5　WCPFCのロゴ

この条約締結により、西太平洋では初めて、公海域を回遊するマグロ類の漁業が規制されるようになった。マグロ類は日本の沿岸にも回遊してくるので、条約水域は日本の海岸線にまでおよぶことになる。これまでマグロ保存条約といえば遠洋漁船が航海する遠い海の話であったのが、一変した。

日本のすぐ沿岸を回遊するクロマグロもカツオもその漁獲は条約会議での審議の対象となったのである。

この委員会の特徴は南太平洋の島しょ国とオーストラリア、ニュージーランドが大きな影響力を持っていることである。南太平洋には数多くの島しょ国がある。例えばクック諸島、ミクロネシア、フィジー、キリバス、マーシャル、ナウル、ニウエ、パプアニューギニア、サモア、ソロモン、トンガ、ツバル、バヌアツ、パラオなどである。

オーストラリアとニュージーランドはこれら島しょ国とODAなどの長年にわたる協力関係があるので、強い影響力を持つ。これが委員会では大きな数の力となりこの最も新しいマグロ委員会で日本は苦戦をしいられている。

6、インド洋マグロ類委員会（IOTC）

事務局はセイシェル

IOTC（インド洋マグロ類委員会）の事務局はセイシェルの首都ビクトリアにある。

一九九三年に設立した「インド洋マグロ類委員会の設置に関する協定」により設置された。協定は一九九六年に発効し、日本は同年に加盟した。

加盟国は二五カ国と一機関である。インド洋諸国のほかに日本、中国、韓国、フランス、英国、ＥＣなどの漁業国が加盟している。

管理対象になる魚種はマグロ類（キハダ、メバチ、ビンナガ、ミナミマグロ、コシナガ）、沿岸種を含むカツオ類（カツオ、スマ、ヒラソウダ、マルソウダ）、カジキ類（クロカジキ、シロカジキ、マカジキ、バショウカジキ、メカジキ）、その他サワラ類（ヨコシマサワラ、タイワンサワラ）である。

本委員会の対象となる主要な漁業はフランス、スペインのまき網漁業である。もともとフランス、スペインのまき網漁業はアフリカの大西洋側にあるギニア湾を主な漁場としていたが、大西洋の資源の悪化にともないインド洋に進出した。

さらに日本、中国、韓国のはえ縄漁業が漁獲の大きな部分を占める他方の勢力である。

本委員会では加盟国に発展途上国が多いことから、漁獲統計の不備が当初からの問題であった。

これについては日本のＯＦＣＦ（海外漁業協力財団）が漁業統計整備のための資金提供と技術援助を継続して行っている。

図 7-6　IOTC のロゴ

図 7-7　ワシントン条約附属書に掲載されたジンベイザメ（写真提供：かごしま水族館）

7、環境保護と混獲問題

すべてはサメの混獲から始まった

以前はマグロ管理委員会はマグロ資源の保護と管理だけをその任務としていればよかったのだが、最近はそうもいかなくなった。国際的な世論は、マグロ漁業で混獲される生物に対しても保護と管理を行えと主張している。問題となったのはサメ、海鳥、海ガメである。

サメの絶滅危機が叫ばれ保護の動きが始まったのは、アメリカメキシコ湾のサメ資源が著しく減少したからである。そもそもの始まりはフカヒレである。一部では日本のバブルが影響しているともいわれているが、一九八〇年代に世界中でフカヒレの需要が増え、世界のあちこちでフカヒレ目的の新たなサメ漁業が勃興した。

メキシコ湾のサメ漁業も一九八〇年代に急速に拡大したのである。そして環境保護団体はサメ資源が急速に減少していると主張し、アメリカ政府は一九八九年にサメの資源の保護管理規制を定めた。これが今日のサメ保護運動の最初である。環境保護団体はこのメキシコ湾の状況から、世界中で同じような状況が起きているのではと懸念し、サメ保護の動きが世界中に広がった。

一九九四年に開催されたワシントン条約第九回締約国会議で初めてサメに関する議題が取り上げられた。それ以来、ワシントン条約締約国会議では毎回サメに関する附属書掲載案が提出されるようになった。

それまでマグロ管理委員会ではサメのデータ収集はその役割に入っていなかったが、ワシントン条約の影響から、各マグロ管理委員会でも混獲するサメの情報を収集し、その資源について評価を行うようになってきている。

サメの次は海鳥

マグロ漁業に関係した環境保護運動はサメだけではない。同じように一九九〇年代から

図 7-8　インド洋で操業するまぐろ船のまわりに集まるマユグロアホウドリとハイガシラアホウドリ（写真提供：清田氏）

海鳥とウミガメに関する保護問題も発生している。

混獲が問題になった海鳥はアホウドリ類である。世界には一四種類のアホウドリがいて、三種は北太平洋に、残りの一一種は南半球に分布している。南極生物保存条約（ＣＣＡＭＬＡＲ）で、南極周辺でマゼランアイナメ（市場名はメロ、銀ムツなど）を漁獲する底はえ縄漁船が、多数のアホウドリ類を混獲していることが問題となった。アホウドリ類は海表面に浮かんでいる餌をとる性質があるので、はえ縄の針についた餌が表面を漂っているうちに飲み込んでしまい、はえ縄にかかってしまうのだ。

インド洋のミナミマグロ漁場では、日本の延縄漁船がアホウドリ類を混獲することがある。そこで水産庁は、ミナミマグロ漁船にアホウドリの混獲を防ぐトリポールの使用を義務づけている。トリポールとは、漁船の船尾から伸ばした棒（ポール）から一五〇メートルくらいの鳥おどしをつけたロープを曳航する器具で、アホウドリをはえ縄の餌に近づけなくする効果がある。

さらにウミガメの混獲

アホウドリの次にはウミガメの混獲問題が浮上した。ウミガメもまれにマグロはえ縄で混獲される。世界最大のウミガメであるオサガメや日本でも繁殖するアカウミガメの減少を、はえ縄による混獲が原因であると主張している保護団体がある。後述の公海流し網の時と同じように国連総会に提案して、マグロはえ縄を含むすべてのはえ縄漁業を世界的に全面禁止にしようとしている。アメリカや日本政府はウミガメ保護のため、混獲を減少させる釣り鉤（サークルフック）などの使用を漁船に指導している。

8、マグロ委員会を悩ますIUU漁業

IUU漁業とはなにか？

最近はいくつかの海域でマグロが減少し、資源の管理とそのための規制が厳しくなって

いる。この規制を逃れるため、マグロ管理委員会に加盟していない国に船の戸籍である船籍を移して規制を逃れることを便宜置籍船（FOC：Flag of Convenience）という。

例えば日本の漁船の船籍を外国に移すと乗組員は日本人でも、船はその国の船ということになり、もしその国があるマグロ管理委員会に加盟していなければ、規制を守る必要はないという理屈である。近年このようなルールを守らない漁業が国際的に問題となっている。

このような国際的ルールを守らない漁船による無秩序な操業は、Illegal（違法）、Unreported（無報告）、Unregulated（無規制）の頭文字をとってＩＵＵ漁業と呼ばれている。

このような漁船はマグロの漁獲量を報告しないので、マグロ管理委員会では資源評価の最も基礎となる漁獲量を正確に把握できなくなる。ルールを守る加盟国漁船が感じる不公平感や、マグロ資源評価が難しくなり資源を守るための規制の効果が上がらないなどの理由でＩＵＵ漁業の廃絶が叫ばれている。

各マグロ管理委員会による対策

このようなＩＵＵ漁業を規制するために、例えばＩＣＣＡＴでは、ＩＵＵ漁業を行っている漁船のリストを作成し、ＩＵＵ漁業によって漁獲されたマグロの買い付けを輸入業者がしないように、また、ＩＵＵ漁業に船用機器が装備されないよう船用機器の製造者に対し要請を行う決議が採択された。さらに便宜置籍漁船の船籍国（ボリビア、グルジア）産のメバチマグロの輸入禁止措置が実施されている。

また、その他のマグロ管理委員会でもデータ収集制度、漁船登録制度、監視制度などの対策が取られている。近年、大西洋、インド洋、東部太平洋におけるマグロ類保存のための漁業管理機関において、日本のイニシアチブにより、ポジティブリスト措置を導入している。

ポジティブリスト措置とは、規制を遵守している正規船のリストを作成し、正規船のみから輸入を認める措置である。

国連食糧農業機関（ＦＡＯ）の取り組み

ＦＡＯではこの便宜置籍漁船問題に対処するため、「保存及び管理のための国際的な措置の公海上の漁船による遵守を促進するための協定」を一九九三年に策定した。同協定は公海で操業する漁船の旗国（船籍国）の責任を明確にし、便宜置籍漁船がマグロ管理委員会の決めた規制を守らずに操業を行うことを防止することを目的としている。日本は二〇〇〇年六月、これを締結した。

さらに、ＦＡＯ水産委員会ではＩＵＵ漁業廃絶に向けて「ＩＵＵ漁業をなくすための国際行動計画」を二〇〇一年二月に採択した。これは、漁船の船籍が違っていても漁船の実施的な所属国が自国民の実効的な管理、検査・管理・監視システムの強化と実施、市場関連措置などを行うことを含んだ内容となっている。

図7-9　国連食糧農業機関（FAO）のシンボルマーク

日本の取り組み

日本では、各マグロ管理委員会において決定された管理措置を遵守するとともに、「マグロ類に関する特別措置法」により貿易情報収集、輸入業者への指導、消費者への情報提供などを行っている。

具体的には（1）統計証明制度：輸出にあたり、漁船や蓄養場、加工場を管理する国が船名、漁獲海域、製品形態などを確認した統計証明書を発行し、輸入国がこの統計証明書を回収することにより、貿易面から各国の漁獲状況をモニターする。（2）ＩＵＵ漁業国からのマグロ類の禁輸措置：資源管理から逃れる目的で、無秩序な操業を行っているＩＵ

U漁業国からのマグロ類の輸入を禁止。（3）正規許可船リスト（ポジティブリスト）対策：各国が正規に漁業許可を付与している漁船をリストアップし、これら正規許可船の漁獲物のみを国際取引の対象とする対策、などを行っている。

また、二〇〇〇年一二月に、マグロ漁業に関わる業界団体によって「社団法人・責任あるマグロ漁業推進機構（OPRT）」が設立され、民間においても啓蒙普及活動やポジティブリストの作成などのIUU漁船の廃絶に向けた取組を行っている。

第8章　マグロとワシントン条約

1、ワシントン条約は何を目的としているのか

ワシントン条約はサイテス?

ワシントン条約は、絶滅のおそれのある動植物を貿易の制限により保護しようという条約で、正式名称は「絶滅のおそれのある野生動植物の種の国際取引に関する条約」という。ワシントン条約は日本での通称で、英語ではCITES（Convention on International Trade in Endangered Species of Wild Fauna and Flora の略）と書いてサイテスと呼んでいる。アフリカゾウや野生のトラ、中国のパンダの保護などで陸上動物を対象としているイメージが強いワシントン条約であるが、実は魚類も条約の対象となっている。

ワシントン条約は、輸出国と輸入国とが協力して国際取引の規制を実施することにより

絶滅のおそれのある野生動植物の保護を図ることを目的としている。一九七三年三月三日にワシントンで本条約が採択された。このため日本では通称ワシントン条約と呼ばれている。日本では、一九八〇年にワシントン条約を批准し、輸出入の管理を行ってきた。

条約では野生動植物の保護のため、取引規制の対象となる生物を条約附属書に掲載して国際取引を規制している。同附属書は、以下の三種類に分類されている。

附属書Ⅰ：特に絶滅のおそれの高いものであって、商業取引を禁止するもの。

附属書Ⅱ：取引に際しては輸出国の輸出許可を受けて商業取引を行うことが可能なもの。

附属書Ⅲ：各締約国が、自国における捕獲または採取を防止するために他国の協力をもとめるもの。

図8-1　ワシントン条約のシンボルマーク。ワシントン条約の略称CITESがアフリカ象の形になっている

2、海洋生物に対する保護運動

アザラシから鯨へ

一九七〇年代にベトナム戦争で社会的に疲弊するアメリカを中心に、環境保護運動は生まれた。当初は、カナダで毛皮のために捕獲されるアザラシの赤ちゃんを保護しようという運動だった。アザラシの生まれたての赤ん坊は、捕食者から逃れるために体毛が白いので、高級な毛皮の材料になっていた。それが残酷だということで、赤ん坊アザラシの捕獲を禁止する運動へと発展したのだった。この保護運動は、ベトナム戦争で厭戦ムードが蔓延するアメリカの国情ともマッチして燎原の火のごとく拡大していき、さらに発展して保護の対象はアザラシから鯨へと移行した。

この時代にはアメリカ人の有名歌手オリビア・ニュートンジョンが日本に来日し、反捕鯨コンサートを開催した。また、反捕鯨キャンペーンは当時のキッシンジャーアメリカ大統領補佐官が、ベトナム戦争の反戦キャンペーンをかわすために仕組んだという説もあるが、定かではない。国内に問題を抱えている場合に、外に敵を作って国民の目をそらすという戦略はどこの国でも使っているようだ。

排除されるサケマス漁業

環境保護運動の活発化と同時期に海洋では二〇〇海里の排他的経済水域の宣言がなされ、大陸棚地下資源と漁業資源の囲い込みが起こった。

遠洋漁業とはいえ、実は外国の沿岸から沖合で魚を捕っていた漁業が多かったので、沿岸国が二百海里を宣言し、外国漁船を追い出すようになれば、魚は獲れなくなる。そのため日本の遠洋漁業は、世界中の漁場から閉め出されるようになった。

例えば日本のサケマス漁船は、ベーリング海やアラスカ湾でサケが獲れなくなり、北洋での沖取りのみになった。さらに追い打ちをかけるように、アメリカやカナダは日本が獲っているサケは自分たちのサケだという母川国主義を掲げて、日本の追い出しにかかった。

イシイルカ混獲問題

この時期にさらに新たな攻撃材料として使われたのが、北洋に生息するイシイルカの混獲問題だった。イシイルカは、三陸沿岸から北洋にかけて生息している横腹に白い模様のあるイルカで、リクゼンイルカの別名がある。

サケマス流し網によるイシイルカの混獲に、アメリカがクレームをつけてきた。そし

図 8-2　反流し網漁業のシンポジウムに使われたシンボルマーク。鯨が流し網にかかっているというイメージを意図的に伝えている

て、イシイルカの混獲総数を推定するために、アメリカ人のオブザーバを日本のサケマス漁船に乗船させるよう要求してきた。その結果、サケマスだけでなく、イシイルカにも捕獲枠が決められ、日本漁船は両者の捕獲量による制約を受けることになった。

公海流し網漁業のモラトリアム

その後、注目を集めたのが、公海流し網問題である。サケの漁獲枠やイシイルカの頭数制限でサケマス漁場を閉め出された日本漁船は、サケマス漁場から南下した漁場でアカイカをねらったイカ流し網漁業と、さらにその南の海域でビンナガやカジキ類をねらった大目流し網漁業を始めた。

しかし、この漁業もイルカやウミガメ、海鳥などを混獲するということで、環境保護団体の標的にされた。一九九一年の第四六回国連総会において、一九九三年からの大規模公海流し網漁業のモラトリアム（停止）が決定され、この漁業は事実上消滅した。

マグロからサメへ

もうひとつの動きは、アザラシから鯨へと移った環境保護運動が一九九〇年代になり、マグロやカジキ、サメなどの大型海洋生物に拡大されたことだった。一九九二年に京都で開催されたワシントン条約第八回条約国会議で、スウェーデンは大西洋のクロマグロを絶滅危惧種として、附属書に提案しようとした。このときは会議前の説得が功を奏してスウェーデンは提案を取り下げた。その後に出てきたのがサメで一九九四年に開催されたワシントン条約第九回条約国会議以来、サメは継続して議題に上っている。

ところで、日本では環境保護団体というとボランティアという印象が強いが、国際的に活動している環境保護団体の職員は、給料をもらっているプロである。数年前にアメリカのグリーンピースが財政難で本部職員四五〇人を削減した。そんなに専従で働いている職員がいたのかと驚いた覚えがある。このようにプロの活動家が所属する団体が無数にあるので、環境保護を促進する政治的なパワーが強力である理由も理解できる。

3、マグロ掲載提案の顛末――クロマグロは掲載されたか?

モナコ提案

二〇〇九年七月、衝撃的なニュースが海外から飛び込んできた。それはモナコが次のワシントン条約会議に大西洋クロマグロの附属書Iへの掲載提案を提出するというものであった。そして同年一〇月一四日、ワシントン条約締約国会議への提案書の締切日、不安は現実となりモナコは大西洋クロマグロの附属書掲載提案を提出した。

附属書掲載種はどのように保護されるか?

ところでCITESの附属書に掲載されると、絶滅のおそれのある動植物はどう保護されるのだろうか。

動物でも植物でも、ある種を保護しようと考えた場合、CITESの加盟国はその種の附属書への掲載提案を提案できる。この提案は三年から四年に一回開催されるCITES締約国会議で審議され、コンセンサスあるいは出席している加盟国の三分の二以上の賛成で採択される。附属書に掲載されると貿易が制限される。つまり商取引が成り立たなくなるので、その種は守られるわけである。

附属書Ⅰについては原則として商取引は禁止、学術目的などの例外についても輸出入の両方の国の科学当局の助言と両国の許可が必要である。附属書Ⅱでは輸出国の科学当局の助言と輸出国の輸出許可証が必要である。附属書Ⅲについては附属書Ⅲ適用を宣言した国との取引の場合のみ、その国の輸出許可証が必要である。

漢方薬でもだめ！

また附属書に掲載されている動植物は生きていても、死んでいても規制対象であり、加工品でも規制される。漢方薬などで粉末や液体になっている場合でも規制対象であり、許可証なしには持ち込めない。公海で獲ってくる魚はどうかというと、これも「海からの持ち込み」という規定があって取り締まり対象となっている。附属書に掲載されると公海での漁業行為も規制されることになる。ところが、すでに絶滅した動物はワシントン条約の対象外で、以前に象牙のかわりにシベリアで発掘されたマンモスの牙がハンコの材料として輸入されていた。

このように各国の当局（我が国の場合は税関）が厳しく輸出入を取り締まることで、その生物の取引を抑制し、種の保護につなげようというのが、ＣＩＴＥＳの基本理念である。

ICCAT特別部会

いずれにしてもモナコ提案により、大西洋マグロ類保存委員会（ICCAT）を含め、漁業関係者に甚大な衝撃が走ったのである。そして同年一〇月にマドリッドで開催されたICCATの調査統計常設委員会（SCRS、いわゆる科学者会議）は加盟国の要請もあり、通常の会議の後で大西洋クロマグロが実際にワシントン条約の掲載提案に合致しているのかを検討する特別部会の開催を結定した。

本会合は二〇〇九年一〇月末にマドリッドで開催された。会合の目的は大西洋クロマグロがモナコ提案のようにワシントン条約の掲載基準に合うかどうかを検討し、結果を年次会合に報告することである。

ただし、この特別会合では大西洋クロマグロがCITESの掲載基準に適合しているかどうかを確率で表すことが合意された。例えば大西洋クロマグロの資源状態がワシントン条約附属書Iの条件に合っている確率が三〇パーセントといった具合である。

これは会合の結論として掲載基準に合致しているかどうか決めるとはなはだ政治色が強

くなると考えられたことや、この会合にWWF（世界自然保護基金）やグリーンピースなどの環境保護団体が参加していたことから合意を形成することが困難であると予想されたことによる。この決定は参加者にとっては、極力客観的に事実を記載すればよいので、やりやすいようであるが（それでも漁業国の科学者と環境保護団体の科学者の間では結果の解釈でずいぶんと対立した）、後にマイナスの影響を与えることとなった。

ICCAT特別会合の結論

大西洋クロマグロの現在の資源状態がワシントン条約の掲載基準にどれほど合致しているかを以下の方法で評価した。

ワシントン条約附属書の生物学的掲載基準にはA基準、B基準、C基準の三つの掲載基準があり、附属書への掲載提案をする場合は、いずれかの条件を満たす必要があるとされている。A基準は生息地の減少に関するもの、B基準は生息個体数に関する基準である。会合では大西洋クロマグロはA、B両基準を満たさないとし、議論の焦点は資源の減少率に関したC基準に向けられた。C基準では個体群が歴史的な減少で一五パーセント以下になった場合、掲載基準を満たしているとしている。

この歴史的な減少についてスタート地点をどこに置くかで議論があったが、漁業が始まる前の資源量である推定された親魚の初期資源量と漁業開始以後の観察された親魚の最大値を使用することとなった。

東西の系群ともに高い確率で二〇〇九年の親魚資源が初期親魚資源の一五パーセントを下回っていると評価された。同様に二〇〇九年の親魚資源が観察された過去最大の親魚資源（一九七〇年以来の最大値）の一五パーセントを下回っている確率は低かった。

ICCAT年次会合

大西洋マグロ類保存国際委員会（ICCAT）の年次会合が二〇〇九年一一月、ブラジルのレシフェで開催された。最大の焦点はワシントン条約に掲載提案がでている大西洋クロマグロ資源の保護と管理についてどのような管理措置を導入するかであった。

同委員会は東大西洋のクロマグロの管理措置について、二〇〇九年の漁獲可能量、二万二〇〇〇トンから、二〇一〇年は一万三〇〇〇五〇〇トンに四割の削減を行うことを決定した。これにともない我が国の漁獲枠は、一八七一トンから一一四八トンに削減された。

また総漁獲割当量の削減に加えて以下の追加措置を盛り込んだ。

二〇一一年以降は割当量を資源回復を確保する水準に設定。さらに、科学委員会が資源崩壊の危機を認めた場合は二〇一一年は漁業を全面停止。

i　地中海のまき網漁業の漁期（四月一六日から六月二〇日）を五月一六日から六月一四日までの一カ月に半減。
ii　二〇一三年までに、クロマグロの過剰な漁獲能力を削減する。
　また、西大西洋クロマグロ資源については二〇〇九年の総割当量一九〇〇トンを二〇一〇年に一八〇〇トンに削減する保存管理措置が採択された。これにより我が国の割当量は二〇〇九年の三三〇トンから二〇一〇年は三一一トンに削減された。

ＦＡＯ専門家会合

　近年ワシントン条約会議で海産種の掲載提案が増加し、これをうけて国連食糧農業機関（ＦＡＯ）で海産種に関する掲載提案を事前に審査し、その結果をワシントン条約締約国会議に報告する枠組みが合意された。二〇〇九年一二月ローマのＦＡＯ本部においてＣＯＰ―15における海産種の掲載提案について専門家が検討を行った。

　大西洋クロマグロの掲載提案に関しては、東西二系群とも、附属書Ｉの掲載基準に大筋では適合するものとみなされた。しかし、クロマグロの減少率を議論するための基準値（初期資源のレベル）に関して合意が得られなかったため、一部の出席者は、付属書Ｉへの減少基準に適合せず、付属書Ⅱへの掲載基準に適合するとして両論併記となった。

つまり多くの出席者はワシントン条約掲載基準のC基準である減少率を決めるための基準を初期資源量としたが、一部の出席者はこの初期資源量は観測値ではなく、推定値であるので多くの誤差を含んでいるため、判断するのは困難としたのである。

クロマグロについては、ＩＣＣＡＴによる特別会合の結果がＦＡＯパネル会合の議論にも影響した。

ＩＣＣＡＴ特別会合は明確な結論がなく、ワシントン条約附属書掲載への反対意思はまったく示されていなかった。このことが、ＦＡＯのパネルメンバーにも大きく影響したのは間違いない。大西洋クロマグロの管理責任があるＩＣＣＡＴが明確に反対していないのに、ＦＡＯの専門家会議が強力な反対理由を見出すのは難しい。

CITES

平成二二年三月一三日から二五日までカタールのドーハにおいて第一五回ワシントン条約締約国会議が開催された。およそ一五〇カ国、一二〇〇名が参加した。今次会合の主要な関心は水産においては大西洋クロマグロ、四つのサメ類の掲載提案及び宝石サンゴであった。また海産種以外では、北極グマ（米国提案）、ナミビアとタンザニアの象牙のダウンリスト提案が焦点となった。

大西洋クロマグロの掲載提案は三月一八日午後に審議があった。モナコの提案説明、EUの修正案の説明の後で審議に入った。次々と各国が意見表明するなかで、掲載に反対する意見が圧倒的で、賛成意見はチュニジア、ケニア、アメリカ、ノルウェーのみであった。一方、掲載反対意見を表明したのは、カナダ、インドネシア、UAE、ベネズエラ、チリ、日本、グレナダ、韓国、セネガル、トルコ、モロッコ、ナミビア、リビアであった。

加盟国の後でICCAT、FAO、WWFなどが意見表明、その後リビアがただちに投票に移るよう動議を出した。アイスランドが秘密投票動議を出して、投票は秘密投票になった。投票では、賛成20、反対68、棄権30であっさりと否決されてしまった。

4、マグロは絶滅危惧種か？

ワシントン条約の附属書掲載基準

どのような生物がワシントン条約の附属書に掲載される条件を満たすのか、二〇〇四年にワシントン条約会議において採択された附属書掲載改定新基準（以下附属書掲載基準）

をみてみよう（松田ら編「ワシントン条約附属書掲載基準と水産資源の持続可能な利用」より）。これによると野生個体群が減少しているか、非常に小さいこと、地理的に集中していること、分布範囲が狭いこと、個体群サイズが短期変動すること、内的あるいは外的要因に対する脆弱性などが、絶滅の危惧にあたるとしている。

マグロの場合は分布息が狭い、非常に小さい、個体群が小さいなどの条件は合致しない。唯一あいそうなのは、「個体群の著しい減少」という条件である。附属書掲載基準の「付則五。定義、説明、ガイドライン」によれば、「減少」には「全長期的減少（歴史的減少）」と「最近の減少率」の二種類がある。

「全長期的減少（歴史的減少）」とは一般的なガイドラインとして元の状態（ベースライン）からその五〜三〇パーセントまでへの減少としている。

さらに漁業の対象となる水産種については、高い繁殖率を有す種には五〜一〇パーセントまでの減少、中位の繁殖率を有す種には、一〇〜一五パーセントまでの減少、低い繁殖率の種には一五〜二〇パーセントの減少としている。

「最近の減少率」とは過去一〇年あるいは三世代の長いほうの期間に個体群が五〇パーセント以上減少することである。ここで「世代時間」とは現在の親の平均年齢とする。実際、モナコ提案でもこの「減少」の条件が勘案され、大西洋クロマグロ資源がこの「歴史的な減少」の掲載基準に合致しているとされた。

ワシントン条約と保全生態学

ワシントン条約の正式名称は「絶滅のおそれのある野生動植物の種の国際取引に関する条約」であり、その名の示すとおり貿易を禁じて動植物を絶滅の危機から救うのがその目的である。ワシントン条約のバックボーンとなっている科学的根拠は保全生態学であり、小さな個体群や脆弱な種を絶滅から守るという考え方が基本になっている。

これに対して、マグロ管理委員会の科学的な背景は水産資源学であり、これは漁業対象となるような巨大な生物資源をいかに有効に利用するかということにその目的がおかれている。

それでは保全生態学が野生生物の絶滅要因やその過程をどのようにとらえているかみてみよう。野生生物の絶滅はさまざまな要因で引き起こされる。その中でも重要なものは生息場所の破壊である。

また過去に生息していなかった捕食者や、繁殖や生存のために同じ餌や生息場所を利用する生物が、人間により導入された場合などは、深刻な問題となる。そのほかにも人間による乱獲、伝染病の蔓延、有害な化学物質なども絶滅の危険を増大させる原因である。

個体数が非常に少ないときも危険である。例えば生息密度が低いことで繁殖相手を見つけることができなくなり、繁殖率が下がり個体群が絶滅してしまうことがある。また、小さな個体群は環境のランダムな変動や、生まれた子供の性比がどちらかの性に偏っていたり、死亡率が異常に高かったりして個体数の変動が大きくなって絶滅することがある。

個体数が著しく減少したときには遺伝的な多様性が失われる可能性がある。その後、個体群の数が回復しても遺伝的な変異は失われたままのとき、これを遺伝的ボトルネック、あるいは単にボトルネックと呼ぶ。このように環境が大きく変化すると、個体群は新しい環境に適応できずに絶滅してしまう。

このように動植物が絶滅する原因はさまざまであるが、ひとつのポイントは個体群が小さいことである。そのために環境変化に適応できない。一方、マグロなどの水産資源の場合、絶滅を語るには個体群の大きさが何桁も大きいのである。そのへんを考えると単に掲載基準に適合しているからという理由でワシントン条約の附属書に掲載するのは「やり過ぎ」であるかもしれない。

厳密には個体群の減少率だけでなく、保全生態学でいうところの絶滅確率の計算である個体群存続可能性分析（ＰＶＡ）を計算し、その値で再評価するのも有効であろう。

5、保護運動の今後はどうなるのか？

アフリカゾウから海産種へ

野生生物の保護、いわゆる環境保護運動はクジラやアフリカゾウなどの象徴的な陸産ほ乳動物から始まり、一九九〇年代からはＣＩＴＥＳ全体が海産種に注目してきた。そしてＣＩＴＥＳ事務局は海産種に関する分科会を設けたり、海産種の専門家を事務局に雇い入れたりしている。組織は、一度作ると自己拡大を始める。ＣＩＴＥＳ自身がその活動の範囲を海産種に拡大していくと考えられる。

もうひとつの要素は環境保護運動の活動母体、いわゆる環境保護団体である。かつては世界規模の組織を持つ少数の巨大組織がその主体であったが、いつからかそれぞれの専門分野に特化した大小数多くの組織が関わるようになってきた。こうなってきたのは主義主張の違いもあるだろうし、環境保護運動自体もある種の商業活動であると考えれば、それぞれの活動家が自前の組織を作ったほうが、利益率が高いと考えたのかもしれない。

巨大な資金提供団体の存在

環境保護団体の後ろ盾としてアメリカの巨大な財団が資金的なバックアップをしていることもある。活動資金があって、活動する団体のニーズと動機がなくならない限り、この環境保護運動、あるいは野生生物の保護運動は終わらないだろう。

マグロに関する話をすれば、その資源が減少すれば、絶滅の危険がない場合でも、その減り方がＣＩＴＥＳの掲載基準に合致する場合もあるだろうし、環境保護団体がＣＩＴＥＳへ掲載するべしとの主張に反論が難しいケースも出てくるだろう。

マグロのＣＩＴＥＳ掲載問題は突き詰めて考えれば、資源をどのレベルで利用するのが望ましいかという意見の対立で、価値観の異なる人間同士の対立である。しかし漁業資源を利用する国際漁業管理機関の価値観と、ＣＩＴＥＳに象徴される野生生物保護の価値観とが互いに対立することなく、共存できるような解決策を模索する必要がある。そのためには漁業管理機関の資源管理を生物保護の観点からも満足がいくように推進する必要がある。

人類の生存と合理的な野生生物保護のためには、その資源を管理しながら持続的な利用を目指す方法を今後も十分検討する必要があるだろう。

その意味では、一連のＣＩＴＥＳに関わる論議は、マグロに関わるすべての人がその保護や利用に関して深く考える好機であるとも考えられよう。

参考文献

鈴木たね子・大野智子『おさかな栄養学』成山堂書店（二〇〇四）

山本勝太郎・山根猛・光永靖　編『テレメトリー』恒星社厚生閣（二〇〇六）

阿部宏喜『カツオ・マグロのひみつ』恒星社厚生閣（二〇〇九）

小野征一郎　編著『マグロの科学』成山堂書店（二〇〇四）

月刊海洋『マグロ類の分類・生態・資源』海洋出版（一九九四）

斉藤一郎『遠洋漁業』恒星社厚生閣（一九六〇）

谷川英一・田村正・金森政治・新川伝助『新編水産学通論』恒星社厚生閣（一九七七）

渡辺誠『縄文時代の漁業』雄山閣（一九七三）

田中昌一　編『水産資源論』東京大学出版会（一九七三）

東京水産大学第７回公開講座編集委員会編『マグロ』成山堂書店（一九八五）

野中順三九・橋本芳郎・高橋豊雄・須山三千三『新版水産食品学』恒星社厚生閣（一九七六）

『「旬」がまるごと七月号　まぐろ』ポプラ社（二〇〇七）

『「旬」がまるごと七月号　かつお』ポプラ社（二〇〇九）

河野博・茂木正人　監修・編『食材魚貝大百科・1・マグロのすべて』平凡社（二〇〇七）
多紀保彦・近江卓　監修『食材魚貝大百科・4・海藻類、魚類、海獣類ほか』平凡社（二〇〇〇）
魚住雄二『まぐろは絶滅危惧種か』成山堂書店（二〇〇三）
中野秀樹『海のギャング　サメの真実を追う』成山堂書店（二〇〇七）
松田裕之・矢原徹一・石井信夫・金子与止男編『ワシントン条約附属書掲載基準と水産資源の持続的名利用』自然資源保全協会（二〇〇六）
水産庁・水産総合研究センター『国際資源の現況（平成二〇年度版）』水産庁・水産総合研究センター（二〇〇九）
Makoto Peter Miyake, Patrice Guillotreau, Chin-Hwa Sun, and Gakushi Ishimura: Recent Developments in the Tuna Industry: Stocks, Fisheries, Management, Processing, Trade and Markets. FAO (in press)
佐竹ら校注　新日本古典文学大系2　萬葉集二　岩波書店（二〇〇〇）
佐竹ら校注　新日本古典文学大系4　萬葉集四　岩波書店（二〇〇三）

著者紹介

中野秀樹（なかの ひでき）
一九五七年、静岡県生まれ、水産学博士（北海道大学）。
水産庁遠洋水産研究所などを経て、
現在は水産総合研究センター遠洋水産研究所の
くろまぐろ資源部長。

岡雅一（おか まさかず）
一九五八年、福岡県生まれ、海洋科学博士（東京海洋大学）。
日本栽培漁業協会などを経て、
現在は水産総合研究センター養殖研究所の
栽培技術開発センターグループ長。

マグロのふしぎがわかる本

二〇一〇年七月一五日　初版発行

著者――中野秀樹＋岡雅一
発行者――土井二郎
発行所――築地書館株式会社
東京都中央区築地七-四-四-二〇一　〒一〇四-〇〇四五
TEL　〇三-三五四二-三七三一
FAX　〇三-三五四一-五七九九
ホームページ＝http://www.tsukiji-shokan.co.jp/
振替　〇〇一一〇-五-一九〇五七
印刷・製本――シナノ印刷株式会社
装幀――今東淳雄（maro design）

　ISBN 978-4-8067-1404-0 C0045